本书由东南大学－广联达基础设施智慧建造与运维联合研发中心资助

TALENT CULTIVATION
FOR DIGITAL ARCHITECTURE

数字建筑人才培养

广联达科技股份有限公司 东南大学 ◎ 编

东南大学出版社
·南京·

内 容 提 要

《数字建筑人才培养》由东南大学、广联达科技股份有限公司联合策划编写,本书主要包括以下核心内容:

① 数字建筑人才培养顶层设计。从理论的层面界定、阐述数字建筑人才的概念;对比分析国内外、行业内外数字建筑创新型人才培养的现状,从而总结出在创新型人才培养方面的多种培养模式。

② 深度结合 BIM 技术的数字建筑人才培养体系设计。从人才培养课程体系层面,进一步深度讨论 BIM 技术相关课程大纲设计、教学方案设计、教学改革项目设计等。

③ 基于 BIM 的数字建筑人才创新能力分析。以实践 BIM 技术为中心的各类竞赛和研学活动是对数字建筑人才培养过程中信息技术体系的综合应用和重要总结。本书调研分析了目前各类 BIM 技术相关竞赛的学生作品,研究和总结了学生在此过程中的能力提升和创新素质等。

图书在版编目(CIP)数据

数字建筑人才培养 / 广联达科技股份有限公司,
东南大学编. —南京 : 东南大学出版社,2023.9
    ISBN 978 - 7 - 5766 - 0794 - 9

    Ⅰ . ①数… Ⅱ . ①广… ②东… Ⅲ . ①数字技术-应用-建筑设计-人才培养-研究 Ⅳ . ①TU201.4

    中国国家版本馆 CIP 数据核字(2023)第 115560 号

责任编辑:丁 丁 责任校对:子雪莲 封面设计:王 玥 责任印制:周荣虎

数字建筑人才培养

SHUZI JIANZHU RENCAI PEIYANG

编 者:广联达科技股份有限公司 东南大学
出版发行:东南大学出版社
社 址:南京市四牌楼 2 号 邮编:210096 电话:025-83793330
出 版 人:白云飞
网 址:http://www.seupress.com
电子邮箱:press@seupress.com
经 销:全国各地新华书店
印 刷:南京迅驰彩色印刷有限公司
开 本:700 mm×1 000 mm 1/16
印 张:15.25
字 数:234 千字
版 次:2023 年 9 月第 1 版
印 次:2023 年 9 月第 1 次印刷
书 号:ISBN 978 - 7 - 5766 - 0794 - 9
定 价:128.00 元

本社图书若有印装质量问题,请直接与营销部调换。电话(传真):025-83791830

本书编委会

主　编

吴　刚　刘　谦

副主编

钱　锋　徐　照　童　心　朱　莉

专家顾问

马智亮　李启明　冯为民　姚一鸣　苏志强

编写组

刁　龙　王　丹　孙雅迪

序

2021 年 12 月国务院印发的《"十四五"数字经济发展规划》提出，数字经济是继农业经济、工业经济之后的主要经济形态，是以数据资源为关键要素，以现代信息网络为主要载体，以信息通信技术融合应用、全要素数字化转型为重要推动力，促进公平与效率更加统一的新经济形态。建筑业是我国国民经济的支柱产业，年产值超过 30 万亿元人民币，通过建筑产业的数字化转型实现建筑业的高质量发展有着十分重要的意义和必要性。

建筑业的数字化转型离不开具有跨学科知识和技能的人才的培养和发展，离不开具有创新和包容理念的人才引领建筑业文化与组织变革，离不开具有远见和领导力的人才应对发展中的各种挑战与机遇。数字建筑人才是建筑业长期可持续健康发展的基础和推动建筑业数字化转型的关键基础力量。

在建筑业进行数字化转型和高质量发展的大趋势下，东南大学、广联达科技股份有限公司联合策划编写了《数字建筑人才培养》，本书从数字建筑人才的能力需求分析和建筑业人才现状调研出发，通过国内外专家深度访谈，集成多领域、多专业专家力量，研究提出数字建筑人才培养体系的顶层设计、人才培养的课程体系和 BIM 技术相关课程的大纲设计。最后，通过分析目前我国各类 BIM 技术相关的研学和竞赛活动中的作品，分析研究了数字建筑人才培养过程中学生能力和创新素质的现状和发展趋势。

　　数字建筑人才培养是一个宏大、深刻的命题，将是伴随中国建筑业数字化转型长期不断创新发展的系统工程。数字建筑人才的培养体系建设和实施需要政府主管部门、高等院校、企事业单位等共同推进。本书汇聚了国内外长期从事建筑领域人才培养的专家智慧，融合了产业界数字化转型过程中的实践经验，具有较好理论深度和实践意义，为我国数字建筑人才培养体系的建设作出重要探索和创新，为我国培养优秀的数字建筑人才提供了宝贵的实用策略和指导。

王广斌

2023 年 7 月于上海

目　录

■ **1　人才培养新思想**

003 | 1.1 将"双碳"战略和"新基建"的基因融入土建类人才培养的教学与实践 / 吴　刚

010 | 1.2 关于数字建筑人才培养的国际化经验与思考 / 苏志强

019 | 1.3 新时代数字赋能建筑，院校该如何培养数字化人才 / 马智亮

024 | 1.4 高校出基础"坯子"，企业再精心"雕塑"，校企合力培养数字化建筑人才 / 李启明

032 | 1.5 高校数字化建筑人才培养新挑战 / 冯为民

038 | 1.6 数字化、智能化转型升级下的高校教学新挑战 / 姚一鸣

042 | 1.7 数字建筑人才培养新范式 / 刘　谦

049 | 1.8 打造建筑人才供应链，为产业输送高质量数字人才 / 钱　锋

■ **2　课程教学大纲**

059 | 2.1 本科课程教学大纲1：BIM 技术应用

065 | 2.2 本科课程教学大纲2：建筑信息建模基础与应用

073 | 2.3 本科课程教学大纲3：工程管理 IT 技术

085 | 2.4 本科课程教学大纲 4：工程管理信息化技术与应用

090 | 2.5 本科课程教学大纲 5：建筑信息建模（BIM）技术应用

094 | 2.6 本科课程教学大纲 6：建筑信息技术Ⅱ

104 | 2.7 本科课程教学大纲 7：BIM 理论与应用

109 | 2.8 本科课程教学大纲 8：数据库原理

113 | 2.9 本科课程教学大纲 9：BIM 技术基础

119 | 2.10 本科课程教学大纲 10：工程建设信息管理（研讨）

127 | 2.11 研究生课程教学大纲：建筑信息模型（BIM）理论与实践

■ 3 课程设计、课程作业与学生竞赛

133 | 3.1 课程设计和课程作业

133 | 3.1.1 学生作品 1：基于 Ecotect 及 PHOENICS 对建筑室内环境优化

145 | 3.1.2 学生作品 2：浙江财经大学文华校区施工项目 BIM 策划书

168 | 3.1.3 学生作品 3：基于 BIM 技术的木质古建筑信息管理及健康动态
监测平台

186 | 3.1.4 学生作品 4：校园建筑的 BIM 建模

194 | 3.1.5 学生作品 5：校园绿色建筑评价

198 | 3.1.6 学生作品 6：BIM 支持的施工模拟

202 | 3.1.7 学生作品 7：某幼儿园的建筑方案衍生式设计优化

209 | 3.2 竞赛项目

209 | 3.2.1 作品 1：智能建造与管理创新模式下工程大数据决策体系研究
——以三亚崖州湾科技城为例

218 | 3.2.2 作品 2：数字智能化施工管控的三亚科技城钢结构工程应用研究

225 | 3.2.3 作品 3：基于 BIM 的数字化模型审核与应用

230 | 3.2.4 作品 4：基于 BIM 的招标控制价文件编制——苏州第二图书馆

1

人才培养新新思想

1.1 将"双碳"战略和"新基建"的基因融入土建类人才培养的教学与实践

文/吴 刚

东南大学党委常委、常务副校长、教授、博导

在"双碳"战略和"新基建"的双轮驱动下，土建类人才的培养也迎来新的契机与挑战，高校应该如何应对新挑战？新时代土建类人才培养如何面向未来？我将从国家战略、行业转型新挑战、东南大学学科发展新路径及东南大学人才培养新模式等几方面进行展开。

（1）国家战略和行业转型新挑战

当前土木工程行业正处于转型时期，在基础设施建设的黄金时代慢慢过去，行业人才逐渐饱和的当下，未来我们将何去何从？要回答这个问题，首先需要明确我国的基础设施体系和人才培养现状。

在我国，以数学、力学、工程科学与技术为支撑的土木工程专业，在国家建设和发展上发挥着极为重要的作用，是事关国家民生和高质量发展的脊梁专业。在 2022 年 4 月中央财经委员会第十一次会议上，习近平总书记指出，我国基础设施同国家发展和安全保障需要相比还不适应，全面加强基础设施建设，对保障国家安全、畅通国内大循环、促进国内国际双循环、扩大内需、推动高质量发展都具有重大意义。

未来几年，我国将构建现代化基础设施体系，实现经济效益、社会效益、生态效益、安全效益相统一，从而服务国家重大战略，支持经济社会发展，也为全面建设社会主义现代化国家打下坚实基础。

除此以外，"碳中和"的提出也为土木工程行业的人才培养提出新的要求。作为一个负责任的大国，习总书记提出我国在 2030 年前碳排放达到峰值，努力争取 2060 年实现碳中和。其中，建筑领域的节能减排是实现碳达峰和碳中和的重要一环。

基于以上现状，对土木类专业人才的培养也提出了新要求，即在新工科背景下，土木工程需要培养具有前瞻性、多学科交叉能力的科技创新领军人才，推动传统建造向智能建造转型升级。这就要求我们土木工程人才不仅要掌握传统土木工程学科知识，而且需要将人工智能、信息科学技术、机械工程、新材料科学等融入工程实践中。

（2）东南大学土建类人才培养新理念

"新工科"领军人才的培养需要在传统的教学育人模式上进行更多的创新与思考。东南大学在土建类人才的培养上提出了不少新理念，包括：建设土木类创新人才培养的交叉型新专业；搭建校—地—企联动，共创多赢的育人平台；将前沿成果融入教学资源，打造数字化教学模式在内的新理念。我将为大家逐一分享。

理念 1：建设土木类创新人才培养的交叉型新专业

传统土木类专业着重强调土木工程基本知识的传授，难以适应如今智能建造和"双碳"战略背景下对于数字化和智能化交叉知识的需求。针对该问题，我们主要依托东南大学土建类与计算机信息类等优势学科，打造人才培养的交叉型新专业，如图 1.1 所示。

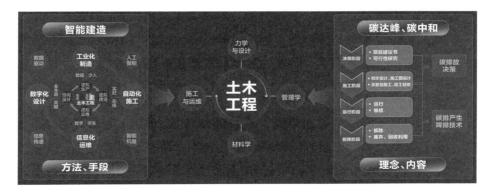

图 1.1 土木类创新人才培养的交叉型新专业

具体而言，就是将土木工程原有知识体系同智能建造领域所倡导的数字化、自动化等技术方法融合，同时融入双碳的理念和内容，寻找知识上的结合与交叉点。

我们从土木工程建造的全生命周期的角度出发，通过上述的融合，形成数字化设计、工业化制造、自动化施工和信息化运维等知识模块。

理念 2：搭建校—地—企联动，共创多赢的育人平台

传统模式的育人平台功能单一，往往是学校单向受益，地方政府和企业的积极性不高，缺乏实现校—地—企联动共创多赢的平台。针对这一现状，我们依托成立的校企、校地协同创新中心和科研基地，搭建多学科交叉和产学研融合的育人平台。

首先，在多学科交叉育人平台的搭建方面，东南大学以土木工程专业为核心，联合信息、自动化、电子、计算机等多学科成果，融合高端科研基地与国家级教学中心，打造多学科交叉育人平台，为人才培养提供土木＋智慧软硬件支撑。

其次，在产教协同育人平台搭建方面，东南大学联合清华大学、同济大学等兄弟院校，南京、苏州等地方政府，与中建、广联达等龙头企业共同打造了一系列校—地—企协同育人平台，为人才提供创新创业支撑。通过校校协同、校企协同、校地协同等多种模式，为国家"新基建"和"双碳"战略提供创新人才支撑。

理念3：前沿成果融入教学资源，打造数字化教学模式

传统的人才培养模式一般都是采用经典的教材教学，对前沿科研成果的融入不够，这就无法有效支撑目前新基建等背景下的人才培养。为此，学校将前沿成果融入教学资源，并打造了多元化教学模式、多层次数字化教学模式等。

对于前沿科技成果的融入，依托承担的重大科研、工程项目，提炼前沿科技成果，并将其转化为教学资源，如教材、专著等，以研促学，以学推研，培养新时代土木工程创新型人才。

对于打造多层次数字化教学模式，学校充分发挥数字化技术的优势，将前沿技术融入MOOC、虚拟仿真平台等，打造线下线上混合、"教-研-学-赛"一体化的教学模式，构建软硬相融、虚实结合的土木工程人才培养创新实训教学平台。

（3）东南大学人才培养新实践

在提出新的人才培养理念的同时，战略落地与高效执行也非常重要。对此，学校在打造土木类交叉型新专业、构建校—地—企联动育人平台及前沿成果融合方面进行了多方位的探索与实践。

① 建设土木类创新人才培养的交叉型新专业方面的探索

首先，学校建立了特色化智能建造方向本科生—研究生人才培养体系。在本科层次上，于2020年获批智能建造专业；在研究生层次上，在无锡分校新设立数字设计与智能建造的工程硕士点。与此同时，学校针对学术型

硕士以及博士，自主设立了智慧建造与运维二级学科，目前已经通过了专家认证并提报教育部。

其次，针对传统土木类专业知识体系在新时代背景下系统性、前瞻性不足的问题，学校立足学科交叉，构建"横向贯通、纵向进阶"的数智化知识体系，如图1.2所示。在横向上，融入机器人、智能算法等新知识；在纵向上，针对不同年级的学习特点，授课内容层层递进。

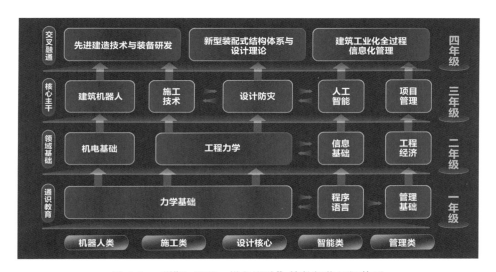

图 1.2 "横向贯通、纵向进阶"的数智化知识体系

面对新专业的学科交叉特点，仅靠单个学院难以支撑，因此东南大学在学校内部形成了跨学科、多专业、多层级的管理协同机制，以土木工程学院牵头，联合人工智能、机械、建筑、信息等相关学院，共同支撑新专业的建设。

最后，在人才培养资源建设上，学校致力于打造低碳、智能的新型课程群，通过建立交叉融合的 MOOC 课程群和递进式的虚拟仿真试验项目群，同时建设虚实融合的实验平台，打造出一套具有新时代特征的土木类学习资源体系，促进学生交叉型知识体系的构建。

② 在校—地—企联动育人平台构建方向的探索

针对双碳战略和新基建背景下校—地—企联动共创多赢的育人平台的

搭建，2018 年，东南大学土木工程学院、电气工程学院联合计算机、建筑、电子、信息、交通等八大学院，共同申请并获批成立智慧建造与运维国家地方联合工程研究中心。研究中心致力于突破学科间壁垒边界，着力解决基础设施智慧建造与运维产业发展的"卡脖子"问题，打造耦合型学科交叉育人平台。

除此以外，依托"东南大学智慧建造与运维国家地方联合工程研究中心"和"国家预应力工程技术研究中心"两个国家级科研平台，东南大学注册成立了新型研发机构——江苏东印智慧工程技术研究院。研究院汇集了学校八大学科方向的力量，致力于技术研发及项目孵化，切实以国家、行业需求为牵引，落地培育多学科交叉创新人才。

同时，学校积极开展校企合作，共创多赢。东南大学先后与中建、广联达、中天等行业龙头企业合作共建了 10 余个校企联合研发中心。通过设置联合研发团队、开展定向硕博培养、组织企业专家进课堂、搭建校企实践基地等举措，切实做到为行业育英才，实现校企资源共创共享的多赢局面。

为了更好地聚焦校企融合、校地融合，推进上下游联合攻关，促进产学研用融合与场景应用开发，提高生产要素共享，2022 年 2 月，东南大学与江宁区未来科技城签署了共建基础设施安全低碳与智慧校企协同创新综合体的协议。针对政产学研用的需求，创新提出了校企协作与产业集聚的新模式，聚集多方资源，打造实体化育人平台。

创新综合体以东大重要科研平台为根，以人才团队科技成果为干，以企业工程创新平台为枝，以校企联合研发中心为皮，以集聚校友经济力量为叶，以支撑企业发展为花，以孵化引进优质企业为果，实现科学研究与工程应用的紧密联系，为国家"双碳"和新基建战略所需人才提供全链条的协同育人环境。

在"双碳"领域人才培养方面，东南大学联合南京市政府等单位牵头组建了全球第一家以碳中和命名的研究机构——长三角碳中和战略发展研究院，形成了多主体联动的双碳领域协同育人平台。学校还与英国伯明翰大学共同发起成立了碳中和世界大学联盟，聚焦碳中和领域人才培养，构建"双碳"时代下的校校协同育人平台。

③ 融合前沿成果，打造数字化教学模式

为了更好地将前沿成果融入教学资源，我们基于"新基建"项目群与"双碳"项目群的前沿成果，成功出版了系列交叉学科专著，并进一步将该系列教材融入线上资源，方便学生线下线上结合，开展多方位自主学习。

我们还与溧阳市政府共同打造了东南大学溧阳基础设施安全与智慧技术创新中心与实验平台。目前已经建设完成了一系列高端的智慧建造与运维领域的装备，方便学生参观学习，从而加深对"新基建"的深入理解。

除了科研平台等"硬实力"方面的构建外，数字化"软实力"的打造也非常重要。为此，东南大学集成领域先进成果，建立了"东南大学基础设施智慧建造与运维云平台"，并开发相关教学模块，实现了应用场景全、数据规模大、高智慧化且核心自主可控。东大建造云里一个代表性软件"东禾建筑碳排放计算分析软件"是国内第一款轻量化建筑碳排放计算分析专用软件。

为了促进学生对于前沿知识的学习和探索，学校举办了系列前沿科技讲座和论坛，并打造"国—省—校"三级竞赛体系，以赛促教，以赛练学。通过多方位尝试，多机制协同，共同探索"双碳"和"新基建"战略下土木类人才培养新体系。

未来，东南大学将努力通过不断的探索实践，为行业培养具有家国情怀和国际视野、能够引领未来和造福人类的德才兼备型土建类领军人才。

1.2 关于数字建筑人才培养的国际化经验与思考

文/苏志强

新加坡工程院院士，东南大学土木工程学院教授

■问题1：建筑业数字化转型是大趋势，相应地，各国在培养数字建筑人才方面都面临着挑战，但因国情不同，也有着各自的发展特性。当前建筑人才的培养面临什么困境？国际上针对培养数字建筑人才方面有哪些主流方式方法？

Q1：The digital transformation of the construction industry is an inevitable trend. Countries worldwide face challenges in cultivating digital talents in the sector，and their situation differs with different development characteristics and varied national conditions. What are the current challenges confronting talent development in the industry？What are some mainstream approaches to cultivating digital talents in the world?

Education and training of professionals for construction digitalization depends on the country's stage of economic development and characteristics of their construction industries.

1）Education and training of professionals in the construction industry of developed countries relies on their own educational institutions and development of computing skills，infrastructure levels of their local Internet，5G，Big Data，Cloud Computing，and Internet of Things（IOT）

2）In some countries，motivation and investment in education and training of professionals for construction digitalization are also related to their government regulatory compliances，education levels，R&D，economic development，and the construction industries' contributions to their GDP.

3）Education and training of professionals for construction digitalization is also based on the demands of their local markets，fresh graduates' future expectation from the job market，and local government's financial incentive and support，which need to be integrated with the countries' academic and industrial demand and expectations.

■问题 2：当下，新一轮科技革命和产业变革不断演进，数字经济和实体经济深度融合发展，面对 BIM、数字孪生、物联网、人工智能、云计算、大数据等新一代信息技术和与工程建设的不断融合发展，建筑相关专业高等教育该如何应对挑战、抓住机遇？

Q2：At the moment，with a new round of technological revolution and industrial transformation，digital and real economies are increasingly integrated. BIM，Digital Twin，Internet of Things，artificial intelligence，Cloud Computing，Big Data and other next-generation information technologies also witness continuous development and integration with the construction industry.

How should higher education related to construction deal with challenges and seize opportunities against the backdrop?

Singapore through its Ministry of National Development（MND）has been positioning itself in the fore front of adopting the latest advanced technology to upgrade its construction industry via pragmatic approaches that integrate academic research and industrial applications. As for education in construction related fields（that face challenges from BIM，Digital Twin，IOT，AI，Cloud Computing and Big Data，and their application and implementations），Singapore government agency Building Control Authority（BCA）determines and drives the progress of changes and upgrading through seamless collaboration with the educational institutions of various levels（universities，polytechnics and institutes of technical education）and key industrial players（like HDB，URA and JTC），facilitating and nurturing sustainable operation models that involve education，R&D，applications and investment in digitalization of the construction companies. From the beginning of a construction company's digitalization campaign，BCA takes initiatives by following the latest R&D trends，makes use of them with localized adaptions from construction industrial players and educational institutions. Moreover，BCA also encourages them with financial incentives or subsidies to keep exploring，experimenting，reviewing and regularizing，and innovating a sustainable way of integration for future development of digitalization education & applications.

Below is my understanding of aspects of Singapore practices.

1）Over the years，Singapore's construction industry contributes almost 30% of its annual GDP. Hence，over the last 10 years，Singapore government has been encouraging the construction companies to transform themselves from labor-intensive business model to high-tech model with digitalized，internet-equipped advanced applications（including AI，Big Data and Cloud Computing）via pragmatic and adaptable approaches. Besides that, BCA also welcomes and supports collaboration between the educational institutions like NTU, with private companies and corporated entities in the construction industry, encouraging them to feedback on their market demand variations, collaboration with universities on innovative ideas with subsidy incentives and regulatory policy support. BCA also facilitates private construction companies in providing tailor-made professional training programs for their staff (with incentives) and also to those companies' capital investments to ease their pains during the transition period. BCA also encourages local construction companies to collaborate with the educational institutions on the development and application of applicable patents, increasing investment in new technologies including digitalization adaptions, in order to facilitate the construction companies in getting better prepared for the new challenges stemmed from the digitalization process.

2）Singapore's educational institutions like NTU, have direct understanding of MND's and BCA's policy making process, plus also conduct their own research and market surveys on the future demand of fresh graduates so as to equip them with the necessary knowledge/skill sets. Thus, the educational institutions are always on alert to revise and adapt new education modules so as to align with the latest developments and needs of R&D and industrial practices. Frequently, international conferences, workshops and forums are organized jointly by the universities and the government agencies with the construction companies as sponsors. Here, latest technologies, innovative ideas and advancements, government policies and R&D initiatives are discussed and brainstormed. The educational institutions also work closely with the construction companies to recommend interns and fresh graduates to them. Moreover, in order to ensure their designed teaching modules are always aligned and up-to-date with the industrial practices, experts, alumni and qualified professionals from the industry are invited as the guest lecturer to introduce the latest technologies.

These combined efforts and education modules have been highly appreciated by the graduates and their employers.

3）From the perspective of industrial players（from established construction companies, contractors, consultants and developers, to start-up innovation firms）, all are under pressure to digitalize and upgrade for their future sustainable development. They would usually turn to MND/BCA and the educational institutions for help, especially on interpretation of the newly released policies and circulars, in order to take advantage of future competition in the market by upgrading their corporate structures and plans for employees' training programs related to digitalization of construction firms for sustainable development.

■问题 3：新加坡南洋理工大学作为新加坡两所世界一流大学之一，以土木工程专业为例，从培养目标、课程体系、实践教学等方面，是如何培养应用型人才的？对于中国高校来说，有哪些值得借鉴的经验？

Q3：Nanyang Technological University is one of the two world-class universities in Singapore. Take civil engineering major as an example, how does the university train talents with innovative spirit and practical ability in terms of training objectives, curriculum system and practical teaching? What lessons can Chinese universities learn from it?

Based on my years with NTU, below are some observations for consideration：

1）NTU has been focusing on graduating students equipped with basic knowledge and skills required for industrial practices with internship/ practical training before they enter the job market. NTU prepares their students with delivered lectures, practical design and training that are aligned with industrial requirement. Additionally, NTU keeps updating and upgrading their established teaching staff and syllabus, balancing theoretical R&D with industrial applications.

2）NTU's courses are designed to benefit both the fresh graduates and the potential employers，which include，but not limited to the following objectives：

（1）Undergraduate courses are mostly developed in consideration of future demands of the job market，especially for the 3rd and final 4th year students. NTU takes the lead in coordinating with potential employers，deploying NTU students for 6-month full time internship in the industries working on actual real-time projects. During this practical training period，NTU faculty will visit the students to assess their performance，and to meet the employers to gather feedback on the students' performances and also on how to improve its education and training of its students. With feedback from both the employers and students，NTU will review the future needs and directions of their teaching and training syllabus so as to update and upgrade according to job-market orientations.

（2）The employers（from both private sectors and government agencies）also benefit from training NTU intern students，mainly by saving on their administration and recruitment costs when they directly recruit the interns after they graduate from NTU.

（3）This 6-month practical training is designed to benefit all parties—NTU to achieve high employment rate upon student graduation plus continuously in touch with the industries，students to know the industry before joining，and the employers to be able to directly engage the interns for practical training before recruiting them as permanent staff.

■问题4：建筑类专业人才需要很强的实践能力，建筑类专业人才的培养需要与工程实践相结合，产学研模式对数字建筑人才培养质量提升具有重要意义。您认为企业在这个过程中能够扮演什么角色？企业、高校、科研机构可以在哪些方面进行合作？

Q4: Construction professionals need strong practical abilities, and the education and training of construction professionals need to be combined with practice. The enterprise-university-institution cooperation is of great significance to improving the development of digital talents. What role do you think enterprises can play in this process? How can enterprises, universities and research institutions better cooperate?

My observations and suggestions are listed below for consideration:

1) It would be better for government agencies(like BCA) to take the lead and encourage the integration of innovative R&D(by the research institutes), academic teaching and training(by the educational institutions), and industrial practices(by the private companies), based on thorough understanding and observations of the latest advancement of those 3 sectors. It's difficult for any one sector to drive the lead because they will not be able to act within the high risks of all these initiatives with unexpected costs incurred. The educational institutions and the private sector will not have the same scale of future projections and broad visions of promoting construction industry digitalization on a nationwide scale. On national level, only the government agencies have the ability to drive and improve the country's construction industry productivity and work force efficiencies.

2) Universities' syllabus and teaching methods also need innovation and creative approaches to cater to the changing motivations and learning interests of new generations of students. These new generation students, grew up with mobile phones and social media, are less receptive to the traditional one-way delivery method of teaching by professors standing on the podium with PPT slides(many not updated). Singapore's educational institutions adopt a hybrid way of delivering teaching courses in a more practical manner that integrates academic training and industrial immersion. Therefore, it casts more challenges

for course development and coordination from the prospects of the educational institutions. Take NTU's practices as an example：

（1）Invite industrial professionals and experienced alumnus to discuss and facilitate the development of construction-related courses with emphasis on their industrial applications.

（2）Engage senior government officers and senior professionals as adjunct lecturers/professors to teach the practical parts of certain modules（such as design）that involve regulatory compliance and industrial practices in the real-life projects. According to all the feedback received over the years，from both the students and the employers，they are mostly positive and supportive of this hybrid method of teaching.

■问题 5：针对数字建筑人才的培养，中外高校可以在哪些方面加大国际交流合作的广度和深度，提升人才的国际竞争力？

Q5：For the cultivation of digital talents in the industry，in what aspects can Chinese and foreign universities enhance international exchanges and cooperation to improve the international competitiveness of talents？

1）My impression is that China is actually more advance in infrastructure of Internet and 5G，and also their applications in its construction industry（both at home and overseas）as compared with many other countries. Hence，Chinese construction industry and universities may wish to consider inviting their overseas counterparts or professionals to conduct joint research，teaching and application. It would be helpful for the overseas counterparts and professionals to better understand what Chinese industry and universities are doing and also for the Chinese capabilities to be known overseas.

2）Due to this Covid-19 pandemic，most academic teaching and interactions have been turned to on-line virtual deliveries and communication. This actually stimulates the students and "forces" the teachers/instructors to explore the on-line teaching and learning platforms/methodologies. As on-line virtual deliveries and communication have no geographical barriers and time-zone differences, this in fact presents a good opportunity for Chinese universities and industry to build a win-win and mutually beneficial teaching and research collaboration with their overseas counterparts.

3) Chinese universities may wish to invite their alumni who are working overseas on related research or industrial projects to share their experience and research so as to promote understanding of what others are doing to cross pollinate innovative ideas. Social media platforms can also be explored to enhance such exchanges and interactions.

1.3　新时代数字赋能建筑，院校该如何培养数字化人才

文/马智亮

清华大学土木工程系教授、博导

进入数字经济时代，数字化转型是建筑业实现高质量发展的重要路径。面对数字化人才培养问题，院校应该如何扮演好自己的角色？清华大学土木工程系教授、博士生导师马智亮带来了他执教多年的探索性思考。

（1）数字化人才环境：未来大趋势已不可阻挡

近年来，数字技术——云计算、大数据、物联网、移动通信和人工智能等被越来越多地应用到各行业，建筑行业也不例外，其中，BIM 技术、建筑自动化和机器人技术等已经成为应用热点。政府部门及时地推动着相关的行业技术进步。近年来，行业主管部门基本上每 5 年出台一部建筑业信息化发展纲要，强调信

息技术的应用。国资委针对企业的数字化转型，不仅专门发布了相关文件来进行推动，而且将其纳入企业的考核范围。通过这些官方引导，企业逐步意识到信息技术应用和数字化转型的重要性。

作为《中国建筑施工行业信息化发展报告》（以下简称《报告》）多年的主编之一，我在过去的9年时间里，针对建筑施工行业的信息化，密切结合行业发展，编辑出版了9本报告。第一本的内容聚焦在建筑施工行业整体信息化上。从第二本开始，以一本一个专题的形式展现，专题依次是BIM应用与发展、BIM的深度应用与发展、互联网应用与发展、智慧工地应用与发展、大数据应用与发展、装配式建筑信息化应用与发展、行业监管与服务的数字化应用与发展以及智能建造应用与发展。在编写《报告》的过程中，我见证了建筑行业发展的整个过程，也领悟了其变化趋势。

与此同时，一方面，为了适应行业的发展，政府从大的发展趋势、整个行业的发展和国家经济的发展出发，提出一些新的行业体系和模式，例如全过程咨询和总承包。另一方面，受市场推动，企业自己也在不断探索新的增长模式。两个方面相互促进，推动行业发展。

当前，建筑行业的数字化转型在企业中主要体现在工程建设的某一个或某几个环节中应用新技术、新软件、新生产方式等，离建筑工程全生命周期、全过程的数字化转型还有相当一段距离。很明显，有一点非常重要，即推动行业数字化转型，不仅需要企业转变业务模式和管理模式，也需要确保人才的合格。

在这样的大环境下，人才需求必然会产生相应的变化，同时也会带来人才市场和人才培养的变化。当今时代，人才市场和人才培养变化的趋势主要有：一是对社会新专业人才的需求多了，相应地，院校建立了智能建造等新专业，在新专业设立的背景下，新专业人才也会出现。二是对复合型人才的需求也变得更加强烈了，以往是对哪方面的人才有需求，就设立一个相对应的新专业，但是现在的企业进行数字化转型，很多需求是既复杂又综合的。因为，企业要想通过数字化转型来获取业务的增长，就必须形成企业的竞争优势，为此对复合型人才的需求强烈。数字化人才培养需要考虑如何才能满足这样的社会需求。

（2）数字化人才需求：精准定位才能有的放矢

那么，如何才能培养满足社会需求的复合型人才呢？

首先要分析建筑行业升级转型后，从业人员在结构划分、能力需求等方面会产生哪些变化，只有弄清了这些，才能有的放矢。

从结构划分上来说，企业作为组织，就是要把不同层级和能力的员工结合在一起，然后让大家发挥各自特长，形成一个组织优势。假如企业内的员工都是顶尖人才，在这种情况下，大家都想要发号施令并有很高的待遇要求，企业是做不好事情的。所以社会分工的总趋势不变，企业必须考虑它的人才层级，根据业务需求来设定适合的人才结构，要做到高、中、初层级的人才、全才和专才相互搭配。为此，院校必须做好所培养的人才的定位。

从能力需求来说，企业的业务要想得到发展，必须考虑新的需求和新的增长点，否则容易导致同质竞争。这个新的增长点是什么？作为设计企业，除了常规的传统业务设计之外，还可以加大企业的业务跨度，拓展新业务，例如全过程咨询。通过这样的新业务，来更好地满足行业的需求和推动行业的发展。

但是要想拓展这样的新业务，企业需要有这方面的能力，毕竟传统的设计与新业务的要求是不太一样的。在传统的设计业务中，设计条件是确定的，在确定好设计方案之后，借助于计算机的处理，设计结果和施工图就出来了。但新业务对能力有新要求。以全过程咨询为例，不仅需要帮助业主方确定需求，还需要进行前期方案的探讨、工程造价、工程代建和项目管理等工作，特别是需要把这些工作环节打通。这是一个全新的挑战，从业人员必须提高技术和能力，并且还要保持敏感的态度来主动迎接，从而能够更好地适应市场需求的变化，在竞争中保持优势。为此，不仅需要培养人才的新业务能力，还应着力培养人才的适应能力。

(3) 数字化人才培养：需要找好发力点积极应对

那么国内相关院校在培养数字建筑人才上应该从哪些方面发力？

院校发展受两个方面因素驱动：一方面是政策驱动，即政府提出推动的理念和计划。例如，最近两年政府推动的"强基计划"，就是加强基础学科建设和人才培养。国家提出一个发展方向，然后各院校来根据这个大方向进行相关人才的培养。

另一方面是市场驱动，例如院校一般每隔几年要搞一个评估和对毕业生的调查，根据收到的用人单位的反馈和毕业生的反馈来进行毕业市场的评估，判断现在的人才培养体系能不能适应市场的需求。可以说，目前绝大多数院校对于人才培养是有这样的机制的。但是光有这些机制是不行的，因为这些机制是院校处于被动的状态的做法。院校还应该有主动担当，有意识地促进课程体系、培养理念、培养模式和课程内容现代化、数字化，以满足现代社会的需求。

院校实现人才培养的方式，主要是通过课程建设，即将建设的课程教给学生。课程建设包括课程体系的建设和具体课程的建设两方面。

在人才需求变化的前提下，院校为了适应这种变化，就必须在课程体系建设和具体课程建设两个方面开展转型工作。

改变课程体系的做法之一，是在现有的课程体系里面增加新的课程。由于一般的课程体系是固定的，如果要增加新的课程，就会压缩一部分原有的课程时间，这样就会造成任务量不饱和。所以，这种做法一般是比较难的，但是如果大家达成了共识，为了适应新形势和满足新要求，就不会存在相应的阻力，把新的课程融入现有的课程体系里面也就顺理成章了。

改变课程体系的另外一个做法是，在现有的课程体系里面融入新的知识和手段，比如说可以将 BIM 技术放到设计相关课程里，这个做起来是比较容易的。

开展课程建设，关键是需要教师先去了解和学习新技术。如果教师不掌握这些内容，他是没办法把这些新知识融入课程当中，从而传递给学生的。所以要想将行业的新知识传达到学生，首先要对教师进行培训，让教师对新知识的重要性有所认识，然后才会有意识地将其融入课程当中。

为了应对人才需求的变化，院校除了可以进行课程体系和具体课程的转型建设之外，还应着重培养学生的综合能力和适应复杂问题的能力。作为教育单位，应该有培养交叉学科、培养复合型人才的意识，通过让学生修读双学位等方式，让其具备学科交叉的思想，从而迸发出巨大能量。

目前遇到的问题，一是观念问题，即大家难以就人才需求的变化形成共识；二是技术的成熟性问题，例如现在提出来的数字技术赋能建筑，大家都觉得这是未来的发展趋势，还需要这些技术逐步发展成熟；三是形成合格的教材，在教学的过程中，有完整体系化的教材更有助于学生的课后掌握理解，如果没有教材，仅靠课件，无法帮助学生形成系统的知识。

任何事物的成熟，都需要经历一个发展进步的过程。数字技术赋能建筑发展是一个很好的理念，也是将来的发展趋势和方向，院校为此培养数字化人才，需要在不断探索、不断地解决问题中前行。

1.4　高校出基础"坯子"，企业再精心"雕塑"，校企合力培养数字化建筑人才

文/李启明

东南大学土木工程学院教授、博导

"十四五"时期是我国推进建筑业全面转型升级的关键时期，也是数字建筑发展的重大机遇期。对传统建筑企业来说，数字化转型早已不是一道选择题，选择数字化转型道路的基础与保障就是数字化建筑人才的供给。作为建筑人才培养的供给端，高校如何在行业数字化转型大潮的背景下培养满足企业、行业、社会、国家需求的人才？

问题 1：高质量发展是"十四五"期间经济社会发展的主题，发展数字经济、建设数字中国已成为国家战略，为各行业发展提供了战略导向，建筑行业也不例外。在您看来，建筑行业数字化转型与建筑行业高质量发展之间是什么关系？

李启明：中国改革开放四十多年来，作为国民经济支柱产业，建筑业对国家的经济建设、社会发展作出了较大贡献。但行业本身仍存在较多问题，如科技创新不足、劳动生产率低下、资源消耗较大、环境污染严重、生产方式相对落后等，这些问题随着社会发展、科技进步有所改善，但仍然存在。

国家在战略上提出：要在 2035 年初步建成现代化国家，2050 年建成社会主义现代化强国。那么作为国民经济支柱产业的建筑业也必定要从传统的粗放工作模式向现代化发展。

转型升级、提质增效、高质量发展是建筑业发展的主题。和制造业不同的是，制造业工业化水平相对较高，可以直接与数字化转型衔接，而我国建筑业工业化水平相对较低。所以我国建筑业转型目前面临两个重要任务：工业化转型和数字化转型，这两个转型需要齐头并进、同时开展。

当我们谈到建筑业数字化转型时，其实隐含着工业化转型和数字化转型，不能只进行数字化转型而忽略工业化转型。

我认为建筑业数字化转型可以推动建筑业高质量发展。

过去建筑业多追求规模、总量；当下，在保持合理增长规模的前提下，要更多注重内涵式的发展，如产品品质、安全、低碳绿色、创新、效率和效益提升等。数字化转型和建筑业高质量发展的关系非常密切，建筑业高质量发展需要数字化转型打基础，数字化转型的目的是推动行业高质量发展。

问题 2：人们谈论的建筑业数字化转型指的是什么？

李启明：数字化转型主要建立在数字化转化、数字化升级的基础上，是进一步涉及企业核心业务、行业核心链条的转型，是以一种新的商业模式为目标的高层次转型。转型目的不是为了数据"好看"，而是要提质增效和可持续发展，能够促进公司核心业务的创新和提升，或是促进建筑行业产业链的完善和升级。建筑业数字化转型应该形成以开发数字化技术和知识能力，支持富有活力的数字化的发展方式和商业模式。

这是新的趋势环境下新一代科技革命带来的必然改变，建筑业数字化转型离不开与 ICT 技术、云计算、大数据、互联网、人工智能等技术的深度融合。

问题 3：您认为，建筑业数字化转型的实践路径是什么？

李启明：数字化转型的核心是人的转型。企业领导要有正确的转型理念，如果只是观望，没有投入，或者走错路子，企业都无法转型。企业领导如果对转型没有清晰的认知，转型方向不明确，那么企业的数字化转型就只能停留在口号阶段。

数字化转型的基础是数据。岗位、部门、项目、企业要数字化，数据是基础，所有的人、流程、工作内容都要形成数据支持。ICT 技术是建筑业数字化转型的新技术支撑，这些技术需要具备应用能力和转型升级能力，要与建筑产业链进行深度融合。举例来讲，ICT 技术与建筑设计企业的设计业务融合，将来可以发展成数字设计和智能设计。

数字化转型的目标是价值增值。当 ICT 技术与建筑产业链环节融合后，要产生新的价值。假设在建筑工地上应用了某项 ICT 技术，但是生产效率并没有提升，工期没有缩短，利润或效应也没有增加，这个技术就是没用的，是为了技术而技术。所以建筑业数字化转型需要软件企业思考如何为客户提供价值、促进客户增值，而不仅仅是具备功能。

问题 4：许多企业都在响应数字化转型，做了很多努力，目前国内建筑行业数字化转型现状如何？

李启明：我和团队近期刚完成了关于江苏智能建造发展的摸底，以这次摸底为例，绝大部分企业尤其是民营企业仍处在数字化转型起步阶段。

建筑企业数字化转型大约从三四年前兴起，经过了一段时间的发展，在智能建造方面大部分企业还停留在起步阶段。建筑企业数字化转型首先要有规划；然后要有机构，有投入，找到研发重点，与工程结合；最后产生效益。目前大部分企业的起步阶段还停留在规划组织架构上，譬如说在规划阶段成立小型组织或小团队。

前面提到的数据、人才、ICT 技术以及融合、价值增值，都是数字化转型中的关键词，如果不能解决好这些问题，建筑业数字化转型将是一件很困难的事情。

一把手工程对数字化转型的投入很大。比如三一重工，在数字化转型方面投入上百亿元，提出了 3 个"3"的目标，5 年内产值从 1 700 亿元增加到 3 000 亿元，人员从 3 万人降到 3 000 人，工程师由 500 人增加到 3 万人。可以看出，数字化转型后市场规模变大，产值增加，效益提升，而一般人员减少了，劳动生产率提升，专业人才增加了，人才需求相应地发生了变化。

目前行业的龙头企业、大型央企国企等走在数字化转型的前列，投入也很大，大量的民营企业在这方面还有一些顾虑。

问题 5：建筑业数字化转型使行业对人才的需求发生了哪些变化？

李启明：如刚才所讲，人才是数字化转型的保障，不光需要管理层一把手转型，下面的副总、部门经理、项目经理等都要转型。

无论是现有的人才，还是引进的人才，都要有数字化的理念。

建筑业数字化转型，首先需要大量 ICT 新技术人才。现在一些高校开设了新专业——智能建造专业，目前只开了三四年，还没有毕业生，他们是应用型人才，而不是开发型人才。但这些人才可以进行应用或是二次开发，这些正是建筑业数字化转型所需要的，也是高校的相应专业要为行业培养输送的人才。

原有的工程管理、土木工程等专业，如果学生可塑性很强，虽然培养方案里没有系统化的要求，自己也可以在课后进行拓展学习。只要具备了相应的知识和能力，不论来自哪个专业，都是数字化转型所需要的人才。

　　另外，建筑业数字化转型不仅需要新技术人才、业务创新人才，更需要两者相复合的人才——既懂 ICT 技术，又懂传统工程建造的跨领域复合型人才。对院校来说，培养多学科交叉的复合型创新人才非常必要。

　　问题 6：您提到要培养多学科交叉的复合型创新人才，那么高校该如何培养这类人才？

　　李启明：这种人才在高校里培养很困难，因为高校都是以专业划分教学，所以国家现在在推进新工科建设、交叉学科等。

　　近几年，一些高校陆续设置了一些交叉专业，但是发展建设还需要过程。

　　作为高校，要立足于现有专业，快速地为满足国家需求、社会需求、地方需求、行业需求培养人才，这是高校人才培养面临的新挑战。因此高校要对人才培养方案做调整，比如相应地增加一些新课程，同时在实践环节如课外的研学 SRTP 创新项目、创新竞赛等环节增加大量新知识，让学生学会自己融合。

　　问题 7：工程管理专业是新兴的工程技术与管理交叉复合型学科。您作为工程管理专业学科带头人，在建筑类专业交叉学科融合教学方面有哪些经验可以分享吗？

　　李启明：工程管理本身就是交叉复合专业，工程管理专业的课程结构里有 4 大类的课程：技术类（含工程技术和信息技术）、经济类、管理类、法律类。目前东南大学在教学计划中增加了不少 ICT 技术相关的内容，例如增加了 BIM 应用技术的课程；专门增加基于 BIM 的毕业设计；鼓励学生参加智能建筑相关的创新竞赛等，包括广联达举办的一些全国性比赛，都有老师带领学生的 BIM 技术应用创新团队参加。

　　如果学生对相关的团队竞赛和课程感兴趣，老师都会有意识地进行引导。东南大学一方面开设了智能建造专业，另一方面传统的工程管理专业也在进行转型改造，紧跟行业，增加数字化教学内容和教学环节。第二课堂设置得更加弹性、灵活，鼓励教师在原有的课程教学内容当中，结合最新行业发展技术与趋势教学。例如施工组织设计方面，现在做投标文件都是主要面向智慧工地，假设项目大量采用机器人施工，施工组织设计、现场平面布置等都要进行相应调整，机器人通道、机器人维护中心、机器人上下运输通道等都要有。如果还沿用过去的教学内容就不合时宜了，需要进行调整。

院校培养人才必须紧跟行业、产教融合，首先要清楚了解国家的战略需求，其次要科研领先。我们在校内成立了一些研发机构，比如东南大学智慧建造与运维国家地方联合工程研究中心、东南大学国家科技园双创中心、新型建筑工业化协同创新中心等平台，在这些平台里有国家重点研发项目，老师和学生团队可以顺利开展研究。

通过科研先行、课堂跟进、教学与行业最新技术的结合这三个方面能帮助学生对行业有更丰富的了解，在毕业后进入行业也能对行业的发展动态不陌生，更快与行业接轨。

问题 8：从您的自身教学经验来看，如何将教学与行业紧密联系起来？有什么建议吗？

李启明：以我本人为例的话，我现在的教学内容和当初大学、研究生时期所学的内容完全不同，所以教师必须不断跟进、学习，不断了解行业、企业的发展存在哪些问题、障碍，将来的发展趋势是什么。有些课题只有和企业合作的过程中才会发现，只是待在校园里是无法提出的。企业只知道自己遇到了什么问题，但是需要教师将其上升到科学问题、学术问题，因此需要了解企业后才能提出进一步的研究内容和研究项目，来满足企业、行业、社会的需求，这对教师也提出了更高的要求。

我经常跟老师和学生讲，虽然大家在校园里，但是建筑行业正在发生翻天覆地的深刻变化，你们是否有感受和了解这些变化？

对学生而言，将课程考核和行业变化的内容相结合，自然就会关注这些内容，如果考核还是书本原有的东西，即使成绩优秀，这也不符合我们的要求。比如在我教的课程中，每个学期开课前我都会布置 6 道大型思考作业题，与行业紧密结合，要求学生利用课程的知识分组做研究，形成报告，进行课堂交流。研究报告交流的内容没有唯一正确的答案，这里考核的是学生的思维、工作量、深度，如何将知识点与行业连接在一起。

课堂教学一定要与行业发展、社会升级有密切的结合，这样培养的人才才能达到行业发展的要求。

问题 9：您刚才说人才是建筑业数字化转型的保障，一些企业也提到招不到合适的人才、留不住人等困惑，那么针对当前建筑业人才结构失衡的问题您怎么看？

李启明：从行业来看，建筑行业需要的人才总量是没有问题的，人才质量能不能符合行业要求、人才结构能不能匹配行业需求是目前需要思考的问题。产业工人队伍总量从长期趋势来看，将处于短缺状态，需要一定时间来调整，企业也应该做好人才的职业培养规划和路径设计。

一方面，目前校企合作"一头热一头冷"现象比较让人困惑，高校比较热，企业比较冷。我建议应该尽量把企业的人才需求反映到培养方案中去，然后让产业界有经验的专家能够走进高校课堂，这一点高校是非常欢迎的。

另一方面，企业最新的岗位需求没能很好地传达给学校和教育机构。比如一些高校新开设的智能建造专业，学生毕业后，企业是否有对应的岗位缺口？企业需要什么样特征的人才？这些恐怕企业也说不清楚。企业需要让高校知道在建筑行业转型过程中需要什么类型的人才。高校的人才培养想法是否符合产业、企业的匹配需求，关于这一点的传导路径还不够。

高等教育人才培养不是针对某一项工作，而是培养具有综合素质能力的复合型人才。高校培养出的"坯子"进入到企业后再进行"雕塑"，才会变成企业的专业人才，而不是高校为企业定制某个岗位的人才，这一点需要高校和企业形成共识，与专门的职业教育不同。

问题 10：在建筑人才培养的校企合作方面，东南大学做了哪些举措？

李启明：首先，在政产学研合作方面，我们成立了很多校企研发中心，其中就包括东南大学和广联达研发中心以及和大型国企央企成立的校企联合研发中心，都在有序开展。其次，经过学校和学院审核，正式发文聘请了一批企业界的专业人士作为校外导师，加入人才培养计划和过程。最后，我们聘请企业专业人士，在教学计划之外开设实战型的企业家课堂，还建设了本科生和研究生的创新实践基地，学生可以到基地认识、了解实际生产的操作。

东南大学有很好的校友资源、企业资源，在建筑行业深耕多年，影响较大，这也是东南大学的优势。

在校企合作方面，开放办学的工程管理、土木工程等一些重大工程的实践开展得轰轰烈烈，可以说实践已经跑到了理论的前面，一些企业的研发能力、研发平台和项目资金的支持，并不亚于高校。

高校培养建筑人才一定要与行业力量、专家资源等紧密结合，要做开放办学而不是闭门办学，才能越办越好。

1.5　高校数字化建筑人才培养新挑战

文/冯为民

广东工业大学土木与交通工程学院
教授

　　当前，数字经济正在以飞速变化的趋势加快向传统产业的融合、结合，并推动传统产业向数字化、智能化转型。建筑产业作为国民经济重要的支柱性产业之一，具有规模大、专业领域多、建设周期长、人员流动性大、相关方多等典型特征。融合数字化技术，实现全产业的数字化转型升级，已成为当前的行业共识。

　　但与此同时，一线建筑工人由于年龄、文化程度等原因，数字化技能掌握程度极低，已远远不能满足建筑产业数字化、工业化的发展需求，这与数字经济下建筑产业的发展目标相距甚远。

（1）到底什么才是数字建筑人才？

要想更好地培养数字建筑人才，首先要明确建筑的数字化、工业化的目标，只有目标足够清晰明确，需求才能随之明确，才能形成数字建筑人才的具体定义。而只有定义明确了，才能更准确地确定人才培养的目标和方法。

我将迄今为止的建筑数字化和工业化归纳为三个版本——强调以人为主的 1.0 版本、强调"人＋机械"的 2.0 版本和强调"人＋信息"的 3.0 版本，也就是从"管人"到"管机械"再到"管信息"的变化。

现阶段所说的数字建筑人才主要是针对 3.0 版本的人才，同时也兼顾一部分 2.0 版本的人才。所以说，如果把现阶段培养的人才称为数字建筑人才的话，就必须依附于建筑数字化的目标前提，也就是建造方式 3.0 版本。这不仅仅是建筑建造方式的改变，更重要的是工程师思维方式的改变。在 1.0 版本和 2.0 版本期间，工程师的工作是直接作用于建筑物实体的，3.0 版本则是先把工程对象数字化，然后在数字化的环境下解决设计、管理、协同等方面的工作，最后再把数字化的东西实体化。

因此，如果现在的建造方式和工程模式不是第 3 种模式的话，那么就会因生产方式不同而对人才产生不同需要。所以讲数字化人才，一定要在基本的建造方式、设计方式和管理方式的前提下讲，否则就会产生定义本质上的不同——在 2.0 版本下也有数字化人才的概念，但是它和现在的 3.0 版本下的建筑数字人才的定义肯定是不一样的。

（2）产业需要什么样的数字化人才

在以信息为对象的人才培养方式下，对于人才的定义和分类，和这种方式下的分工息息相关。因此，我将对数字化人才的需求分为三类：

一是能够把工程对象信息化的人才，他们可以把实体数字化后成为信息模型和数据。二是能在数字化环境下进行设计、管理、协同的人才，他们可以用第一类人才数字化之后的信息来进行设计分析、工程管理等工作。

三是把数字化的东西实体化，无论是借助于机械的方式还是机器人的方式，都能够进行整体把握的人才。

现在相关研究大部分都属于底层的微观方法和技术层面，对于顶层的目标发展和分析还不够系统和完善，这就导致了数字化和信息化人才的培养方向不够明确。同样的，信息化人才在不同阶段的阶段性成果和所需要的关键技术和能力也是含糊和散乱的。

那么，到底需要什么样的基础素质，才能在未来成为一名合格的数字建筑人才呢？

未来产业化和信息化发展起来之后，一定是人才人数的减少和人才素质的提高。在这个大背景下，对于学生能力的要求也变高了，为了适应这种变化，我认为主要应该从三个方面的能力着重来进行培养。

一是需要具备信息化方面的意识和素养，要能够站在信息化的角度来思考问题。二是要有能够消化和理解这个行业专业问题的复合能力。例如，未来可能会将土木、桥梁、暖通专业压缩合并成一个智慧专业或者数字专业，且这些专业是集成数字化的。特别是在建筑业向制造业转型的基础上，原本有制造业背景的学生也可进入到建筑行业里来，并最终形成一个综合的能力。三是需要有管理和判断能力。要能在有限的条件下，进行合适的方案选择，也就是所谓的"新工科"专业能力，包括信息化的能力、经济管理决策方面的能力等其他方面能力。也只有这样，在就业的时候才可以生产出具有竞争力的工业化产品，才可以实现较好的功能、较高的效率，完成碳排放等一些指标要求。

未来的建筑专业，可能出现三四个专业合并成一个专业的趋势，然后用这些专业所涉及的数字化技术，一起解决合并后的问题。同时，在发展过程中，它的技术方法和计算方法会变得成熟化，最后就会像芯片一样，把相关专业里最基础的方法论都加进去，所有东西都固化在里面。到那时，不需要人为做太多的工作，只需要知道参数、条件即可对这个数字化体系的机器进行改进，从而实现信息化载体和信息化工作的目的。

（3）数字建筑人才培养，关键在于体系的形成和完善

数字化建筑人才培养的目标和方向和相关顶层设计息息相关。

目前，国家层面是有这方面的政策引导的，相关部门曾多次发文强调智慧建造和工业化要协同发展。无论是智慧建造还是"碳达峰""碳中和"等重大目标的实现，都需要国家进行相关方面的政策引导和鼓励，这样才能形成相关成果，才会吸引更多的高校科研人员来进行研究。但现在的情况是，彼此之间没有形成一个完整的合作体系，这是我们现在应该着手解决的问题，同时也是我们这一代人的责任。

如果说现在整个行业都还没有转型到新数字化方法、新数字化体系和新行业体系上的话，那么建造体系还是会停留在以人为本的设计体系当中，这样在数字化转型的过程中就会遇到产业链不完整等一些大的障碍。

比如说，以前砌砖工作是由工人完成的，工人需要用瓦刀去抹灰砌砖，这样的生产方式考虑的主要是人。但在工业化和信息化之后，考虑的则是以后如何用机械代替人来完成。如果不进行顶层设计的话，考虑问题时可能还是以人为本，通过改进使用的工具来提高效率，而这与我们今天说的数字化建筑人才培养还是有着本质区别的。

通常来说，顶层设计基本体系需要有对应的产品目标和体系更新作为设计目标，只有这样才会产生新的成果需求和新的人才需求。对此，要培养什么样的人才，归根到底是要明确未来建筑要想形成怎样的体系。只有当体系确定了之后，才具体到每个阶段需要什么样的人才，如果这个体系不清楚的话，人才培养的模式也将是混乱和不可持续的。

20 世纪 60 年代，日本人开始做装配式住宅。如果只是想达到那样的水准，那信息化标准就按照这个水平来定就可以了。但如果想要达到当下最先进的智能化装配，就需要建立一个适应这一类装配建筑的新的体系了。所以，目标不同，发展的方向也必然不同；体系不同，相对应需要的人也不同。

（4）未来人才培养，高校责任在肩更需未雨绸缪

对于人才需求的变化，必然导致人才培养模式和方法的变化。为了适应建筑数字化和工业化的趋势，高校在课程设计上也必须符合未来发展的趋势，做到未雨绸缪。

以广东工业大学为例，近年来，我们设置了智慧建造的微专业。当时的想法是把它作为一个第二专业，让之前学了土建类专业的人，在这个基础上有一个转型的途径。具体到专业教学内容上，尝试把原来课程撤销重组成为新的专业综合训练，在专业综合训练里面强调信息化，即要求学生可独立完成 BIM 等数字化的模型，然后在这个模型的基础上完成施工课程设计、房屋建筑学的课程设计、工程经济的课程设计、项目管理的课程设计等内容。这样就可以实现团队内不同成员的协同合作，让它更加贴近实际的工程场景。在此基础上，还要将其进行向前和向后的拓展，把招投标和项目运营管理也考虑进去。

第二个尝试，是"多专业协同"的毕业设计。实际工程中，原有的设计一般是按照建筑设计、结构设计、施工单位招投标、建成移交这样的顺序依次进行。并且下一环节需要等上一环节做完才能施工，这样就会导致后面的问题在前面进行方案设计的时候并没有考虑到，等准备开展设计的时候，即使前面的方案不合理，也改不了，即产生信息孤岛问题。但如果有了信息化作为载体，就可以在建筑方案设计好的基础之上，实现结构设计、施工组织设计和造价分析等工作同时进行，即实现各部分工作的协同开展，从而在实体化之前将其完善，达到提升彼此工作效率的目的。

广东作为一个创新大省，是有可能触及之前所提到的顶层设计和整个架构系统设置的，未来也希望能够进行进一步的探索。之前曾有一个房地产项目找到我们，希望能在 380 天之内完成一个项目的开发。这在以前可能会是一个冒险的行为，但有了数字化之后，就可以将进度计划当中的工作内容进行合理并行。以前抢工期的方式就是靠增加人以及省工序来进行，但现在是在数字化分析的基础之上抢工期，主要是靠工序合理化并行，然

后再靠机器人标准化施工来替代人工进行。这就是把研究对象和工作内容信息化，然后对于这些信息化对应的指标，看能不能将其标准化固化下来，这些都是信息化和管理。

而这也对人才培养提出了挑战：教师的知识体系一定要新，一定不能教学生落后的东西。但就目前的情况来看，教师的知识体系显然还不够先进，很多还只能靠教师先进行自我尝试的探索、学习和实践，这都是目前亟须解决的问题。

目前在高校，大家的研究比较发散，如果能够将它组装成一个信息化的链条，会更有利于启发学生沿着这条路继续往前走。但这显然不是一个人能够完成的，而是需要依靠各方面团结的力量一起来完成。

在人才培养体系确立之前，应首先将架构捋清楚，然后才是其中的训练方法和训练逻辑。换句话说，现在的信息化模式和原来模式的本质区别，是基础架构的区别。现在至少需要做一个已有版本的框架，然后在这个已有的初步框架下进行课程的设定、实验室建设方案的确定。边做边对初步框架进行修正，而不是大家都处在观望的态度。如果只是把自己听到的、见到的停留在口头，长此以往对于行业进步和学生培养都是十分不利的，只有体系形成了，其课程设计的内容和人才培养方式才可以得到确立。

1.6　数字化、智能化转型升级下的高校教学新挑战

文/姚一鸣

东南大学土木工程学院副院长、副教授

近年来，随着我国建筑行业的不断发展，为推动产业升级，国家有关部门相继印发了许多关于推动新型建筑工业化的文件，提出要以围绕建筑业高质量发展为总体目标，以大力发展建筑工业化为载体，以数字化、智能化升级为动力，形成涵盖科研、设计、生产加工、施工装配、运营等全产业链融合一体的智能建造产业体系。以新型建筑工业化带动建筑业全面转型升级，打造具有国际竞争力的"中国建造"品牌。

与此同时，要大力培养新型建筑工业化专业人才，扩大设计、生产、施工、管理等方面高水平人才队伍，加强新型建筑工业化专业技术人员继续教育，培育技能型产业工人。

在此目标下，全国高校相关专业的专业人才培养也开始着手布局以适应建筑行业数字化、智能建造发展的需要。那么，究竟怎样的课程内容升级改造和设置，才能满足人才培养的需求呢？对此，东南大学土木工程学院副教授姚一鸣根据多年的教学经验，提出了自己的想法和建议。

（1）人才需求要拔高，人才培养模式要升级，课程内容要更新

无论是以前的装配式建筑、新型建筑工业化，还是如今与数字信息化的结合、智能建造的发展，无不传递一个重要信息：高校的人才培养需求需要拔高，传统的人才培养模式需要升级改造。要想实现这一目标，就必须从知识体系升级、交叉平台建设、教学模式变革三方面入手。

目前，传统课程体系已无法满足新型建筑工业化和智能建造发展的需求，因此，就需要以数字化和智能化作为升级动力，新增课程内容，形成一套包括科研、设计、施工、生产、维护管理等的完整课程体系。在传统课堂基础之上，还应增加计算机的辅助设计、工程机械、大数据分析、BIM等学科交叉环节。

在平台建设方面，近年来，东南大学牵头建立的智慧建造与运维国家地方联合工程研究中心、新型建筑工业化协同创新中心等平台，联合不同高校的不同学科，加强政府和企业的合作，融合产业前沿、工程实践、科研成果并快速转换成教学资源。同时，也加快推动实验室、装配式基地等校内平台建设，为人才培养提供结构拼装、机电控制、人工智能等"土木+智能"软硬件支撑和BIM设计、装配式施工、智慧工地等创新支撑。

要培养新型人才，就需要学习更新更前沿的内容，也就必然要促进教学模式的变革。课程内容升级同时面临课堂教学时间有限的问题，交叉学科内容丰富，仅依靠传统课堂教学模式无法实现全覆盖教学，因此，需要推动线上线下混合课程、课内课外理论实践并行的教学做法，邀请行业专家参与教学，把更新的知识体系和能力传授给学生。同时鼓励学生更多地参与学科竞赛和课外研学，以赛促学。例如学校规定必修的"大学生科研创新训练活动"，学生愿意主动接收新的教学方式，学习新的课程内容，在参加各类竞赛的过程中掌握交叉学科的前沿知识和软件操作等技能。

（2）管理能力需求提升，课程设置须调整侧重

从目前行业的发展来看，在未来，智能建造所占比重将越来越大。如何制定一个全面、高效的智能建造专业培养方案，一直是我们关注和思考的问题。

从行业来看，未来所需要的已不仅仅是技术人才或研发人才，而是需要能够担负起居中协调角色的技能综合型人才。例如，当土木工程领域需要与大数据、自动化、物联网等协作时，其要能够跨专业进行高效率的沟通和协调。从这一角度来说，人才的管理能力将十分重要。

从研究层面来看，在夯实土木工程的专业基础知识的同时，人才还需要掌握信息网络、自动化、大数据、智能算法等现代科技基础和终身学习能力，这样才能实现产业数字化设计、装配化施工、信息化运维管理。

基于这样的人才需求，我们建议在调整课程设置时，可将其分为三个模块——智能设计模块、智能建造模块以及智能运维模块。

另外，在推动开设新课程的同时，也要注意对原有课程内容的调整，由于课程内容的增加，就需要给新增课程提供课时，减少或整合传统课程模块，达到新的平衡。东南大学土木工程学院拥有"BIM技术创新与实践"等16门国家/省级一流课程，五大类MOOC课程群和虚仿项目群，利用建成的智慧教室，引入慕课堂、雨课堂等智慧教学工具，实施以在线教学资源为载体的混合式学习，以及"大班授课＋小班研讨"与"小班授课"相结合的小班化教学。

在全面培养学生相关能力方面，应吸引优秀的本科生进入教授课题组，紧跟行业前沿需求；在暑期开展行业前沿讲座，以赛促学，主办并形成国—省—校新型建筑工业化和智能建造竞赛体系，包括全国大学生工业化建筑与智慧建造竞赛、江苏省"构力杯"高校BIM装配式大赛和连续举行21年的东南大学结构创新竞赛等。

（3）培养合格的人才需多方面形成合力

要想培养合格、高水平的人才，人才的来源也至关重要。

东南大学按照厚基础、宽口径、重交叉、强创新的理念，从 2019 年起开始进行大类招生和大类培养，加强学科交叉。同时，应在学校层面上推动教学改革，鼓励学生进行跨专业的第二学位辅修，更好地贯通课程体系，使其拥有更全面、综合的能力。目前，东南大学已经打通了本科和研究生的课程，已有学生选修智能建造相关的研究，跨专业选修计算机和电子课程等。后续，可以继续推广和完善本研一体化的建设。

另外，应鼓励学生在毕业设计上进行多专业的整合，各专业融合一体，结合导师研究方向和个人兴趣，做出学科交叉、不局限于课堂的内容，提升学生综合能力。例如通过参加广联达全国高校 BIM 毕业设计大赛，与毕业设计同步推进，学生参与度较高，对于学生能力的提升和就业起到了极大的帮助作用。在各类竞赛指导过程中，老师对于学生的培养参与度也极高，出现了一批以全国大学生创新创业训练计划优秀指导教师奖、教育部国创计划最佳导师奖等为代表的优秀指导教师。

在就业方面，学院与企业联合建立校外实习基地，聘请企业高管作为学生生涯导师，与龙头企业开展密切合作，利用专项培养计划为学生提供企业资源，这些都可以帮助学生更好就业。

同时，通过定制实习，可以让学生在毕业时即获得丰富的经验积累。这样一方面可以提升学生的基础能力，另一方面也可以拓展其外部资源。学生在此期间可以更清楚地明白自己的奋斗目标，是进入企业工作、还是跟随导师科研或者去做国际化能力的提升。这些对他们未来的发展都更有针对性价值。

1.7 数字建筑人才培养新范式

文/刘 谦

广联达科技股份有限公司董事、
高级副总裁

建筑行业发展历史悠久，但是今天我们也面临一些外部变量和人才供给的挑战。这个外部变量需要我们这个行业所有企业、所有组织，包括所有人共同面对。这个外部变量，就是数字化。

（1）行业背景

2022年1月份，住房和城乡建设部印发《"十四五"建筑业发展规划》。

在"十四五"规划中，没有强调这个行业的发展规模要如何，而是特别关注以推动智能建造为助力提高发展质量和发展效益。报告指出，"以推动建筑业高质量发展为主题，以深化供给侧结构性改革为主线，以推动智能建造与新型建筑工业化协同发展为动力，加快建筑业转型升级，实现绿色低碳发展，切实提高发展质量和效益"。

在数字建筑的强力驱动下，建筑产业将打造以"三新"为代表的数字化场景，实现产业生产力、生产关系的重大变革。

其中，生产力要经历生产方式、生产资料、生产对象三类升级，使数字化技术、数据生产资料与现有生产方式深度融合，将数据变成新的生产资料，创造出智能设计、无人工地、智慧运维等新的生产场景，生产力水平将得到巨大提升。

未来生产关系要完成管理模式、监管方式、市场环境三种变革，从管理模式上，参建各方变成数据驱动、高效协作的利益共同体；行业监管部门转变为以智能化手段为支撑的精准服务、共生自治；同时，区块链、大数据等数字化技术使征信更加高效，让整个市场环境更加透明，生产关系将与新的生产力水平相适应。

通过生产力、生产关系的迭代升级，建筑产业的整体发展将步入新的时代。

未来的企业主体也将发生变化，原有的一些组织，像造价咨询、监理、管理总包等单位可能会被全过程咨询方替代。同时，一些数字化的新型组织也将出现，例如数字平台服务商、应用开发服务商、数字建造服务商等。

其中，数字建造服务商和数字平台服务商将成为未来核心角色。数字建造服务商有两种类型，一种只做数字建造的服务，另一种是数字建造＋实体建造服务商，包括数字线与物理线。其中，数字线贯穿智能设计、智能供采、虚拟生产、虚拟施工，最后交付数字模型；而物理线则贯穿集约化采购、工业化生产、精益化施工，最后交付实体建筑。而平台服务商是数字建造服务商的重要支撑，以数字建造服务商为核心的参建各方，通过平台服务商的数字平台，进行数据共享、资源调配、协作沟通，达成项目成功目标。

与此同时，部分组织也面临着升级，建筑产业新角色将进化涌现。

过去在行业中有很多的诸如造价咨询、监理、管理承包等单位，会演变成真正意义上的全过程咨询；过去的设计总包、施工总包，会真正意义上变成 EPC 总包，再变成数字建造服务商以及新实体建造服务商。这两类不同的角色在升级的过程中充分借助了新的生产要素和生产能力，即数字化。

同样建设方也会发生变化，建设方从过去的产业产品开发商变成运营服务商。传统生产供应方也将进化成新型生产服务商。值得强调的是，今天中国建筑单位要想提高产业运营能力，数据一定是未来闭环的关键要素。

由于发生这么多的产业变化，岗位需求也随之变化。人社部近年发布了一些建筑相关的新兴专业岗位，这些岗位归根结底都是跟数字化相关。同样我们也看到，有很多院校建立了智能建造的相关专业，智能建造方兴未艾。

在智能建造的行业发展趋势下，有不少企业的岗位对数字化、信息化应用有了较高要求，要求员工在掌握原有岗位核心能力的基础上，懂数字化工具及平台的运用，能利用各类新技术、新手段、新工具解决原有岗位的核心业务问题，提高效率。

我们今天可以通过新的手段、新的技术、新的工具，对岗位进行升级，包括建筑信息模型师、智能设备远程操作师、AI 数据分析师、智能建造师等新岗位。这些岗位不应仅是在现场作业，我们更要把现场和远程作业紧密集成起来，充分让我们的产业变成新型产业，把我们的角色变成新型角色。

在今天，前沿技术和高效的数字化工具越来越易得，而在这个过程中，应用好数字化工具和数字化平台，快速迭代场景，优化岗位能力，才是行业下一步真正发展的前提。

（2）人才供给现况与培养模式构想

据 2019 年的教育部和住建部组织的行业资源调查报告显示，今后 10 年智能建造技术人员缺口将大于 100 万人/年。智能建造技术人才短缺突出表现在智能设计、智能装备与施工、智能运维与管理等专业领域。

在供给方面，虽然我们有多元化的供给通路，但整体依然存在滞后性，体现为课程滞后、质量下降、数量不足、人才甄别难、持续学习通道不足等诸多问题，复合型人才短缺依然是我们目前所面临的非常大的问题。

而且，智能建造人才培养所面临的，不是单一学校、单一专业的问题，而是大而全的整体的教育生态发展的问题。我们需要聚焦深化不同阶段的培养发展需求，并针对不同阶段的不同方向，进行不同链条的培养。

智能建造是一个跨学科、多专业融合的领域，而面向智能建造方向的人才培养，一定是分类型、分阶段、多方向的培养，而不是将全部的知识与技能"堆砌"在某一专业的学生身上。因此，我们的教育生态也需要形成不同的层次。

① 在研究型本科，我们培养的是智能建造复合型管理、科研人才，重点围绕研究智能建造管理应用、科研创新开展人才培养。

② 在应用型本科，我们培养的是智能建造复合型管理应用人才，需要重点围绕智能建造各阶段应用技能与综合实践开展人才培育，如项目智慧管理应用、工程物联网应用等技能学习。

③ 在职业型院校，我们需要培养智能建造技术技能人才，重点围绕智能建造的技术操作、技术实践开展人才培育，如智能测绘、智能质检等技术。

在进行高质量人才培养的时候，要想把整个教育链、人才链、产业链和创新链全部打通，我们也需要对课程、方法、培养现场、教学现场、工作现场等进行数字化，并同时对我们的教学方式、管理方式进行数字化转型。

在院校里面，我们需要关注如何做好教学设计、备课，做好线下线上的授课、学生的练习和考试；与此同时，我们还要关注课程设置，包括学校在专业上的整体安排，需要把管理者和教学者不同的端点连接起来，形成一整个教学链和人才链的连通。

当这些环节全部都达到数字化的时候，就可以形成一条柔性的生态链，把人才的供给连接起来，形成一个柔性的可实时感知的人才链供应。

此外，我们也要搭建建筑行业数字化人才基建，我们需要把岗位标准、用人动态以及企业的信用体系连接起来，从供给侧服务好学生、从业者，在需求侧这块，明确用人需求，为企业经营和人才发展提供支持。如图 1.3 所示。

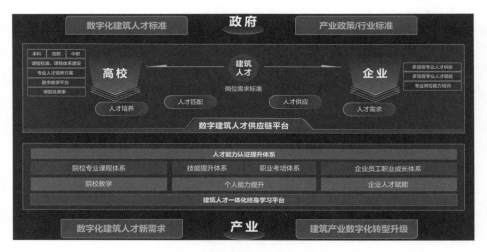

图 1.3　建筑行业数字化人才基建

未来，我们希望可以用数字技术实现人员流业务数据化，打破人员流供给侧、需求端数据孤岛，实现需求端可视化决策、供给端精准化服务，帮助企业打造与动态业务相匹配的人才管理模式，服务企业经营中长短结合的人才规划，做到标准有效的人才盘点、灵活匹配的人才供给、ROI 最大化的人才培养，助力企业实现经营战略，打造建筑行业数字化"人才基建"。

（3）实践探索

广联达目前已经和北京建筑大学等院校达成合作，基于 BIM、物联网、大数据、人工智能等高新技术打造高水平智能建造实验室。主要功能包括从设计到施工再到运维的建筑工程全生命周期的 BIM 应用技能实训、以虚拟仿真为技术依托的形象生动的专业基础知识教学与建造过程模拟、装配式建筑教学、智慧工地项目管理教学等。

广联达还从行业岗位需求出发，提供一整套具有产业特色的一体化解决方案，为学生自主学习打造一站式、陪伴式的服务，打造从学校到学生、从企业到从业人员的学习、认证、就业全价值链服务，为建筑行业数字化领域培养、输出高素质、实战型人才。

为了做成这件事情，我们会把学生的学习、认证、就业全面打通，一方面通过以赛促教、以赛促学、以赛促创，提供外在的学习动力；另一方面，我们通过专业化的测评工具，把大量实际岗位的要求，用数字化的方式让它总体呈现出来，再推送给学生和院校；与此同时，符合了这些专业测评能力要求的优秀学子，在毕业的时候，我们也会为他们提供大量的企业招聘岗位。

还有一个方面是数字化实训课程。基于智能建造的数字建造阶段，以建设项目数字化应用为方向，我们围绕数字化设计、数字化施工和数字化管理三个阶段，开展理实一体化教学实践应用，进行教学价值链的全面升级。

例如，在涉及绿色建筑时，我们可以通过数字化提前进行方案比选。在绿色建筑里影响最大的两个环节是建筑材料和运行维护。如果想要进行绿色建筑设计，一定要从两个角度考虑：第一，是否能选择绿色建材，第二，运维设计时是否能尽量考虑能耗。知道了真实场景是怎么考虑的，我们就可以通过数字化进行提前布局。

再比如，当我们在谈 BIM 时，大家过去总觉得很难落地，因为如果仅仅把 BIM 应用在办公室和校园里做简单的显示模拟，那么这项技术的作用发挥不大。但是今天，我们可以把 BIM 和智慧工地相结合，BIM 既可以载入设计想法，又可以提取智慧工地的数据。在这种情况下，BIM 就变成同生共长的数字孪体。

最后，我想聊聊为什么广联达要做这些事。在中国，建筑业是一个体量非常巨大的行业，而企业之间数字化的能力又有很大差距。我们曾经访谈过许多企业，他们表示，中国的建筑行业想要进行数字化升级，最主要的点并不在于数字化技术本身，而在于传统企业的管理和人才升级。

所以我们希望可以搭建"产、学、研、用"的合作平台，通过产业学院、教育平台、专业建设、师资培养、学生服务等方面，促进行业升级，带来生产力升级和生产关系优化，最后实现每个工程项目都成功，让每位建筑人有成就！

1.8 打造建筑人才供应链，为产业输送高质量数字人才

文/钱　锋

广联达科技股份有限公司助理总裁、数字教育事业部总经理

　　建筑行业的数字化转型，尤其是数字化建筑人才的培养，是目前建筑行业广受关注和值得探索的问题之一。在这方面，广联达也在积极进行探索和实践，我将结合广联达的建筑行业人才链建设，分别从技术发展推动行业转型升级、建筑行业人才链分析和人才链建设模式探索三方面展开。

（1）技术发展推动行业转型升级

　　随着数字化浪潮来临，各行各业都在逐渐重视数字化转型，包括我们熟悉的银行、零售、汽车制造等行业。据统计，50%的中国前1000强企业都把数字化转型作为企业的未来发展战略。同时，全球65%的顶尖企业也都认为自己未来是基于信息和数

据的公司，这足以看出数字化转型的重要性。

回归到我们建筑行业，建筑行业在项目的数字化过程中，有两项核心的支撑技术：BIM 技术和 IoT 技术。一方面，通过 BIM 技术支撑建筑实体数字化，实现虚拟建造；另一方面，通过智慧工地物联网（IoT）技术，即在现场布置各类监控硬件等，实现施工现场劳动力、机械、材料、环境的实时监控联网及数据采集联动。

通过这两项核心技术，实现建筑项目的虚实结合、数字孪生，最终共同支撑项目管理过程各项业务，如进度、成本、质量、安全、技术等的数字化。同时，在具体应用过程中，我们还会结合到人工智能（AI）技术和大数据技术，通过智能算法驱动项目决策分析科学化。数字工地、万物互联、智能化设备的广泛使用等都是建筑行业在数字化转型中的应用体现。

在数字工地应用方面，针对施工现场硬件种类繁多、分布区域不确定、运行状态不清晰的现状，通过智慧工地平台集成现场硬件设备，以数字化手段呈现出硬件使用状态、运行信息以及预警情况，从而使项目管理人员及时了解现场设备分布、设备实时运行状态、设备隐患及时预警等，同时也可以积累保存机械设备的运行大数据。

在万物互联方面，互联网技术为物联网技术在建筑行业的应用提供了基础，也为在包括塔机监测、卸料平台、扬尘噪声、龙门吊检测、智能喷淋等方面的应用提供了条件。针对现场的硬件监测，广联达已经提供了数十种数字化转型方案，包括安全施工类、绿色文明类、现场智能检测类和基建类等，并且也在逐步进行扩展中。

在智能化设备方面，智能化设备的广泛应用可以降低人的劳动强度，除此以外 3D 扫描、激光测量机器人、无人机倾斜摄影等，所有的这些技术的产生都给我们工地上劳动的强度和工作的方式带来一些变化。

（2）建筑行业人才链分析

面对这些新技术和新方式，对人才的素质和技能也提出了新的需求。

那么建筑行业的人才链现状如何？我将从供给侧和需求侧两个方面展开。

从供给侧来讲，主要是高等教育培养人才。那么，现在的高等教育更偏重的是什么？是宽基础。宽基础更多的是学科教育，虽然这两年在实践方面有所增强，但主要还是以专业为主，再加上信息化相关的一些课程，包括建模、虚拟技术、大数据技术和互联网相关的专业技术等。跨专业及跨学科的交叉还是较少，培养的复合型人才定位与需求端可能存在着不完全匹配的问题。在职业教育方面，这两年的改变比较大，尤其是特色双高建设和双高专业群建设，通过在专业群建设中把基层的课程打通，使得学生和专业课程能够互选，这样就能因材施教，根据学生的特点可以选修不同课程。这个课程体系更灵活，有更大的自由度，这方面也是在改进的过程当中。

在需求侧方面，需求方包括建设单位、设计单位、咨询单位、施工单位和生产单位等，对人才的需求包括中高层管理人才、项目管理人才、专业技术人才和建筑产业工人等。

供给侧和需求侧在匹配方面面临着质量下降、数量不足、"真人才"甄别难、持续学习通道不足、职业认证通道不健全、因材施教难等多种问题。

据统计，建筑业从业人员有 5 366 万，其中建筑工人 4 883 万，专业技术及管理人员 480 万，人员供需矛盾日益凸显。

为了应对这些问题，我们提出建设建筑行业人才供应链的构想。我们搭建了支撑人才终身专业化学习的数字化基础设施，形成了线上＋线下相结合，从人才招聘、理论学习、技能学习、技能认证到岗位晋升的完整链条。

通过将教育生态体系中的人才供给端的人才培养标准与行业生态体系中的需求进行互通匹配，可以有效融合职业教育和专业基础教育。比如把学生的四年级或者三年级的下学期放在产业学院中进行学习，培养学生的职业技能，使学生能够把案例中的操作快速应用到后期岗位中，这样也是对人才的供给端和人才的培养形成一个迭代更新。

对于人才入职之后的持续学习需求，我们设计了全生命周期赋能建筑人成长的路径：从新员工入职后参加培训开始，通过持续的技能学习、岗位实践和专业认证的螺旋式成长，逐渐成为技术骨干，之后进一步通过管理方向上的继续学习和素质训练，实现复合型能力的提升，成为项目经理级别的高端人才。

我们希望通过以上途径，不断完善打造建筑人才全生命周期的学习及服务平台，培养行业中坚力量，为全行业提供人才，为人才全生命周期成长提供优质服务，最终实现人才链打造终局目标：

• 目标一：精准快速对接供需双方，快速匹配供需双方，连接汇集多方数据，完成人才体系认证与智能评估。

• 目标二：推动行业数字化变革：实现多（数量充足）、好（质量保证）、快（及时供应）、省（招聘成本低）的人才服务，全面助力行业转型升级。

(3) 人才链建设模式探索

在人才链的建设模式方面，我们也进行了一些探索。我将从人才招聘模式重构升级和人才能力进阶提升方案定制两个案例展开。

案例一：人才招聘模式重构升级

企业人才招聘目前面临着招人难、品牌弱、离职率高三方面的问题。具体而言，首先，施工企业被IT、金融、文娱等行业抢占人才，同时考研升学、考公又进一步挤压优秀应届生源，招聘质量逐年下降。其次，施工企业各子公司众多，相互之间竞争激烈，学生品牌认知度低，招好学生难。最后，学生能力提升有限，专业认同度低，即便签约后，1—3年也容易流失。

针对这些企业痛点，我们构建了"建筑人才供应链平台"，如图 1.4 所示，一边站在产业端（行管单位、施工企业、房地产公司、设计院等），一边站在教育端（高等院校、培训机构、自由求职者等），通过搭建一个专业化、数字化的人才库平台把两端充分连接起来，把优秀的人才源源不断地输送到产业端。我们跟建筑企业合作，输出标杆企业的先进实践和管理模式，并转化为教育端的人才培养方案；教育端按照企业的需求培养人才，培养出来的人才再通过我们搭建的人才库平台，输送给需要的建筑企业。

除此以外，针对企业校招完上岗前的空档期，安排针对"准员工"的线上培训，通过建立学习地图，利用线上学习平台和考核评价系统，精准赋能准员工，同时为管理人员提供清晰完整的新员工发展与培养建议。实现从岗位选择、闯关摸底、针对性课程、信息化测评、成绩报告证书、针对性加强课程、发展建议，再到岗位选择的培养闭环，实现分层次培养。

另外，我们也通过全国类学生赛事扩大雇主品牌效应，包括互联网＋大赛、全国大学生智能建造与管理创新竞赛、全国数字建筑创新应用大赛、全国高校 BIM 毕业设计创新大赛、全国各地教育厅省赛等。通过与企业合作，共同参与各项赛事，显著提升雇主品牌与校招生源质量。

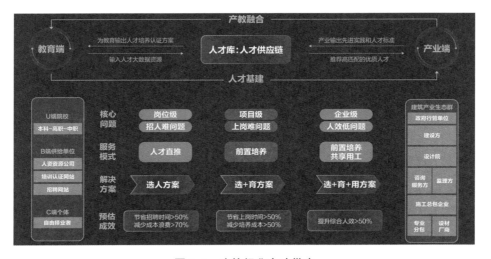

图 1.4 建筑行业人才供应

案例二：人才能力进阶提升方案定制

即使招聘到了新员工，在人才入职到成长的能力提升过程中，企业也往往面临组织能力、资源配置能力不足等问题，导致人才能力提升计划难以落地或落地效果很差，阻碍了企业人才梯队建设。

针对这些困境，广联达定制了一系列人才能力提升服务方案。广联达企业服务平台将企业人才战略与业务战略相匹配，实现人才管理智慧决策，为建筑行业人才高质量发展奠定坚实基础。

通过联合业务专家搭建人才培养体系形成"学、练、考、评、踪"一体化的人才建设解决方案，为企业各阶段人员提供体系化培养内容，缩短人员成长周期，解决企业对员工培养存在的缺乏长远规划、形式单一、内容脱离基层员工、实战经验无法传承等问题；同时可视化培养数据，为企业提供人员能力的分析数据，搭建人才建设平台，助力企业数字化人才队伍建设。

在为企业量身定制人才能力建设解决方案中，遵循有"测"才有"培"，有"培"必有"踪"的培养模式，通过这一模式，为企业提供测培一体的人才建设解决方案。测培一体的模式主要从能力提升需求分析、计划制定、过程实施、效果评估、辅导巩固五大环节入手。通过专业的产研团队，助力企业搭建员工学习和成长的平台。

在数字化的浪潮下，各行各业都在进行着数字化的升级，我们传统的建筑行业也不例外。越来越多的企业认识到，面对未来，如果想可持续发展，那么数字化已经不是一个选择题，而是每个企业今后必须面临的。企业的数字化升级改造，除了把先进的云、大、物、移、智等科学技术应用到我们的建筑行业，进行流程再造和施工工艺工法的改造以外，具有数字化思维的建筑人才也成为企业数字化转型中非常重要的核心引擎，数字化的建筑人才要和行业的供应链、产业链、数字链都匹配，才能实现更好的发展。

　　广联达数字教育始终坚持为产业输送高质量数字建筑人才，助力建筑产业转型升级，在数字化专业建设方案、数字化教学平台、数字建筑立体人才库、数字建筑人才供应链生态合作平台、全体系的师资能力培养等多个方面均进行了有益探索，未来我们将持续携手行业多方，形成凝聚力量，共育数字时代行业新人！

2

课程教学大纲

2.1 本科课程教学大纲 1：BIM 技术应用

◎ 浙江财经大学

1）课程简介

本课程是工程管理专业的一门选修课，主要介绍 BIM 的基本概念、应用场景和 BIM 建模技巧。通过该门课程学习，学生能基本掌握并运用 BIM 建模软件建立建筑结构模型，能对 BIM 模型进行分析和评估，并能进行模型的优化和展示。此外学生需要培养创新精神和独立思考能力，在了解现有 BIM 应用场景的基础上思考和探索潜在的应用前景。

2）课程目标

（1）思政目标：强化科学伦理教育和职业道德培养，注重立体思维方法训练和科学精神培养，激发学生科技报国的家国情怀和使命担当。

（2）知识目标：掌握 BIM 技术应用的数理逻辑、基本规律及模型优化原理。

（3）技能目标：掌握 BIM 模型的建模、分析、优化和展示的一般方法，具备应用场景创新的综合能力。

具体培养目标如下：

① 了解 BIM 的发展历史、基本概念和内涵；

② 了解现有的 BIM 应用场景；

③ 了解常见 BIM 工具的特点和优劣；

④ 了解 BIM 建模的基本步骤和注意事项；

⑤ 掌握使用建模辅助插件进行图纸翻模和模型检查的基本方法；

⑥ 掌握使用 Navisworks 进行施工模拟和动画漫游的基本方法；

⑦ 掌握工作参数定义和构件参数化定义的基本方法；

⑧ 培养工程设计的良好习惯、创新精神和独立思考能力。

3）课程教学安排

课程采用集中授课形式，每次 8 个学时，共 4 次。共有 6 项教学内容，具体安排如表 2.1 所示。

表 2.1　教学内容安排

序号	教学内容	思政元素	课堂教学学时	实验/实践教学学时	学时小计
1	BIM 概论	理性洞察力、爱国情怀	2	0	2
2	BIM 应用场景介绍和创新	理性洞察力、爱国情怀、创新意识	4	2	6
3	BIM 建模训练	科学精神、职业操守	0	8	8
4	BIM 模型展示	科学精神、职业操守	0	6	6

续表

序号	教学内容	思政元素	课堂教学学时	实验/实践教学学时	学时小计
5	BIM 策划	科学精神、职业素养、社会责任感	0	2	2
6	课程大作业	理性洞察力、科学精神、职业素养、综合能力	0	8	8
	合计		6	26	32

（1）BIM 概论

教学要求：了解 BIM 的发展历史、基本概念和应用前景；了解 BIM 工程师人才的基本要求。

教学内容：BIM 的发展历史、基本概念和应用前景；BIM 工程师人才的基本要求；本课程的教学目标、教学内容、考核方式等的介绍。

重点难点：BIM 的发展脉络与应用前景；BIM 工程师的行业需求及展望。

思政元素：培养学生对事物和现象具有高瞻远瞩的理性洞察力，对我国 BIM 事业的快速发展具有爱国情怀和民族自信。

（2）BIM 应用场景介绍和创新

教学要求：了解 BIM 在工程项目全过程的应用现状；了解从 BIM 到 CIM 的发展趋势；培养 BIM 创新的方法和能力。

教学内容：BIM 技术在工程项目的决策、设计、招投标、施工、竣工验收、运维等各环节的应用现状；CIM 的发展现状及未来趋势；创新的基本方法；BIM 应用的场景创新实践。

重点难点：场景创新的基本方法。

思政元素：培养学生科学精神和创新思维，掌握创新创业和竞争力培养的基本理念。

（3）BIM 建模训练

教学要求：了解常见 BIM 工具的特点和优劣；了解 BIM 建模的基本步骤和注意事项；掌握使用 Revit、Sware 或 BIMMAKE 进行图纸翻模和模型检查的基本方法；掌握 BIM 模型检查和优化的技巧。

教学内容：BIM 软件工具的分类、特点和优劣比较；BIM 建模的基本步骤和注意事项；建模软件操作界面的熟悉；根据任务书的步骤按顺序进行建模训练；BIM 模型检查和优化。

重点难点：根据任务书的步骤按顺序进行建模训练；BIM 模型检查和优化。

思政元素：培养学生科学精神和三维思考能力，对立体空间具有足够的洞察力，能够透过现象看本质。

（4）BIM 模型展示

教学要求：掌握使用 Navisworks 或 Lumion 进行材质设置、渲染和动画漫游的基本方法和技巧；了解模型轻量化原理，掌握网页展示技巧。

教学内容：材质设置、渲染和动画漫游的基本方法和技巧；模型轻量化展示和操作。

重点难点：材质设置、渲染和动画漫游的基本方法和技巧。

思政元素：培养学生科学精神、三维思考能力，对立体空间具有足够的洞察力，对展示效果具有足够的审美判断能力。

（5）BIM 策划

教学要求：了解 BIM 策划的目的和意义；理解 BIM 策划的组成内容；项目案例解读。

教学内容：BIM 策划的目的和意义；BIM 策划的组成内容和技巧；项目案例解读。

重点难点：BIM 策划的组成内容和技巧。

思政元素：培养求真探索的科学精神、恪尽职守的职业素养、公平正义的社会责任感。

（6）课程大作业

教学要求：根据给定的项目资料完成 BIM 建模、展示和应用；完成实验报告。

教学内容：项目图纸剖析；技术难点解读；BIM 建模过程答疑。

重点难点：图纸存在个别缺陷，需要在建模过程进行优化；异构形状或特殊结构的建模。

思政元素：培养求真探索的科学精神、恪尽职守的职业素养。

4）课程考核与评价

本课程综评成绩由三部分组成：课堂表现（占 20％）、平时作业（40％）、BIM 模型课程大作业（占 40％）。其中，课堂表现包括课堂纪律、讨论积极性和课堂训练；BIM 模型课程大作业指的是一份达标的建筑结构 BIM 模型、一段动画漫游视频及一份实验报告。本课程不设置期中或期末考试，成绩评定方式具体内容如表 2.2 所示。

表 2.2　成绩评定方式表

考核环节	分值	考核/评价细则
课堂表现	20	课堂表现包括课堂纪律（20）、讨论积极性（40）和课堂训练（40）。总得分按照 20％计入总成绩
平时作业	40	平时作业包括 BIM 建模、BIM 展示和 BIM 创新等作业，其中 BIM 创新指的是一份原创的 BIM 技术应用创新场景报告。总得分按照 40％计入总成绩
BIM 模型课程大作业	40	BIM 模型课程大作业包括 BIM 模型（50）、动画漫游视频（10）和实验报告（40）。总得分按照 40％计入总成绩
合计	100	

5）课程学习资源

《BIM 技术应用——Revit 建模基础》，孙仲健等，清华大学出版社，2018 年

《BIM 建模》，张志远等，中国建设教育协会，2016 年

《Autodesk Revit Architecture 2017 官方标准教程》，Autodesk，Inc.，电子工业出版社，2017 年

Revit 建筑设计视频教程（电子资料，课堂提供）

2.2　本科课程教学大纲 2：
建筑信息建模基础与应用

◎ 华中科技大学

1）课程名称

中文名称：建筑信息建模基础和应用；

英文名称：BIM Foundation and Application。

2）课程代码及性质

CEM6231；

专业选修课程。

3）学时与学分

总学时：24；

学分：1.5。

4) 先修课程

先修课程：工程制图、工程项目管理。

5) 授课对象

本课程面向工程管理专业学生开设。

6) 课程教学目的(对学生知识、能力、素质培养的贡献和作用)

依靠科技进步、促进产业升级是中国建筑业发展的必经之路。建筑信息建模(Building Information Modeling，BIM)是近年建筑业科技进步中最为引人注目的方向。BIM 模型是对一个建筑设施的物理和功能特性的数字化表达。通过这个数字平台，项目的各参与方可以更好地沟通信息，从而为该项目从立项、设计、施工、运营、维护到拆除的全生命周期决策提供更可靠的依据，解决信息互用性低、信息沟通不畅等问题。为应对行业趋势和社会需求，将 BIM 引入教学十分迫切。

本课程从建筑信息建模的基本概念和应用前景开始介绍，以 BIM 基础知识、BIM 基本元素、BIM 工具、BIM 在项目各阶段的应用以及 BIM 案例为主要内容，融合国家"两新一重"建设、信息安全与工程伦理等课程思政元素，目的是使学生全面了解 BIM 的有关知识，并且能将 BIM 及其他工程管理课程内容串联起来。本课程将培养学生的 BIM 思维，同时会向学生们展示 BIM 工具包括 Autodesk Revit、Autodesk Navisworks 等的基本操作。这门课的学习将培养学生们面向经济主战场的价值观取向，对 BIM 在建筑项目管理中的应用内容、流程和价值有一个更深的理解。

本课程通过课堂教学和课后学习达到以下教学目标：

(1) 通过学习 BIM 的基本知识，掌握 BIM 的基本概念，培养 BIM 思维。

(2) 理解当前建筑业对 BIM 的需求，理解 BIM 在全球建筑业的应用前景。

（3）了解不同 BIM 工具的基本功能和操作。

（4）理解 BIM 在不同项目阶段的应用内容、流程和价值。

（5）培养设计基于 BIM 的解决方案的能力。

7）教学重点与难点

（1）课程重点：

① BIM 的定义和相关基本概念；

② BIM 的特点及 BIM 在工程领域的应用；

③ BIM 的未来发展；

④ Revit 等相关 BIM 软件的操作使用。

（2）课程难点：

① BIM 的理念与应用；

② 信息互操作性；

③ BIM 建模技术和二维 CAD 技术的异同点；

④ Revit 建模流程与基本操作；

⑤ 体量和族的概念，族的建立；

⑥ 利用 BIM 进行设计分析和优化。

8）教学方法与手段

（1）教学方法：本课程采用多媒体电子课件讲授 BIM 的概念和主要应用，利用视频和动画让学生直观了解 BIM 建模方式及操作要点。

（2）教学手段：多媒体 PPT 授课结合建模教学。根据具体情况，结合教学过程，引入 BIM 在建筑产业中的推广和应用案例。结合学生的专业课程体系，培养学生动手建模的积极性，使学生了解 BIM 在工程全生命周期的应用流程、应用内容、应用价值和相关软件操作。

9）教学内容与学时安排

（1）BIM 概论［教师课堂教学（2 学时）＋学生课后学习（1 学时）］

教学内容：建筑业现状，建筑业对 BIM 的需求，BIM 的定义，什么是 BIM，什么不是 BIM。

基本要求：通过本节内容的介绍，让学生掌握 BIM 的概念，以及 BIM 在建筑行业的应用优势。通过比较国内外的 BIM 发展状况，发掘 BIM 技术在我国的应用和推广需求，从而使学生明确这门课的学习内容和学习目标。引入 BIM 的概念和定义，将 BIM 和传统的二维绘图技术进行对比，帮助学生理解什么是 BIM，以及 BIM 给建筑行业带来的建筑工程设计、建造、运维管理等多方面的变革。

课后作业和讨论：BIM 定义的讨论。

（2）BIM 应用和推广［教师课堂教学（2 学时）＋学生课后学习（1 学时）］

教学内容：制造业信息化和建筑业信息化对比，BIM 应用广度，BIM 应用深度，BIM 的潜在收益，BIM 在全球的推广情况。

基本要求：通过本节内容的教学，学生应了解并掌握 BIM 技术在建筑工程领域的应用和推广相关情况。通过多方对比，使学生了解 BIM 技术的当前发展现状和前景、BIM 技术在建设项目全程各阶段中的应用理念及方法、BIM 在世界主要国家的应用和推广现状。

课后作业和讨论：BIM 推广方式的讨论。

（3）BIM 的基本元素和应用资源［教师课堂教学（2 学时）＋学生课后学习（1 学时）］

教学内容：BIM 构件及其基本属性，BIM 构件获取方式，开放 BIM 构件库的现状，构件 Level of Detail，构件 Level of Development，提升构件 LoD 的方式。

基本要求：通过本节内容的教学，学生需要掌握 BIM 的建模方式和建模理念，需要了解在 BIM 建模过程中，BIM 模型构件单元从最低级的近似概念化的程度发展到最高级的演示级精度的步骤；了解现在比较主流的 BIM 构件库并掌握常用的 BIM 构件的获取方式，课后能够独立运行软件制作 BIM 构件。

课后作业和讨论：自制 BIM 构件。

（4）基于 BIM 的信息管理［教师课堂教学（2 学时）＋学生课后学习（1 学时）］

教学内容：项目信息管理的基本内容和需求，面向对象的信息管理，信息互操作性的内涵，信息互操作性对工程管理的作用，数据模型标准，IFC 标准推广和应用情况。

基本要求：通过本节内容的教学，让学生认识并了解项目信息管理的基本概念、基本内容以及建筑行业对于项目信息管理的实际需求；理解面向对象的信息管理的概念和信息互操作性的内涵，了解信息互操作性对于工程管理的作用；了解数据模型所包含的三部分内容：数据结构、数据操作、数据约束；了解 BIM 数据格式中 IFC 的标准及格式的推广和应用情况。

课后作业和讨论：BIM 信息管理应用讨论。

（5）BIM 软件和工具［教师课堂教学（2 学时）＋学生课后学习（1 学时）］

教学内容：常见的 BIM 软件，BIM 软件开发难点，我国 BIM 软件应用现状，我国发展 BIM 软件的机遇和挑战。

基本要求：通过本节内容的学习，让学生了解目前主流的 BIM 建筑软件，包括 Autodesk Revit、Autodesk Navisworks、ArchiCAD 等；了解国内外 BIM 软件的相关发展历程和 BIM 软件的开发难点，重点介绍我国 BIM

软件的发展应用现状，同时结合课题讨论，探讨我国发展 BIM 软件的机遇和挑战。

课后作业和讨论：常见 BIM 工具的应用讨论。

（6）设计阶段的 BIM［教师课堂教学（2 学时）＋学生课后学习（1 学时）］

教学内容：BIM 设计的价值与目标，BIM 在设计前期的应用，BIM 在概念设计的应用，BIM 在初步设计的应用，BIM 在施工图设计的应用。

教学要求：让学生了解 BIM 设计在不同方面、不同角度的价值以及所需要达到的目标，同时了解 BIM 在各种阶段，包括设计前期、概念设计、初步设计、施工图设计等过程中的应用。

课后作业和讨论：BIM 在项目设计阶段应用拓展的讨论。

（7）施工阶段的 BIM［教师课堂教学（2 学时）＋学生课后学习（1 学时）］

教学内容：BIM 施工的价值与目标，基于 BIM 的虚拟建造，基于 BIM 的数字化加工，基于 BIM 的施工管理，基于 BIM 的工程造价管理。

教学要求：通过本次学习，让学生清晰了解 BIM 在施工阶段发挥的价值以及所需要达到的目标，分别从基于 BIM 的虚拟建造、数字化加工、施工管理和工程造价管理等多个方面系统地掌握 BIM 在施工阶段的应用点和相应的实施过程。

课后作业和讨论：BIM 在项目施工阶段应用拓展的讨论。

（8）运维阶段的 BIM［教师课堂教学（2 学时）＋学生课后学习（1 学时）］

教学内容：BIM 运维的价值与目标，数字化集成交付，可视化建筑系统分析，基于 BIM 的应急管理，运维大数据。

教学要求：让学生了解 BIM 在运维阶段发挥的价值和所需要达到的目标；学习基于 BIM 的信息模型数字化集成交付及其在建成后的设施管控中的应用；了解运维大数据以及基于三维可视化设计软件等的可视化建筑系

统分析；同时，学习基于 BIM 的应急管理过程。

课后作业和讨论：BIM 在项目运维阶段应用拓展的讨论。

（9）BIM 应用的阻碍［教师课堂教学（2 学时）＋学生课后学习（1 学时）］

教学内容：BIM 应用的阻碍，项目级 BIM 实施规划，企业级 BIM 实施规划。

教学要求：通过学习，学生了解 BIM 应用的阻碍，并尝试分析和提出解决这些问题可能的方案；掌握项目级 BIM 实施规划和企业级 BIM 实施规划的过程及重难点，对比两者的异同点。

课后作业和讨论：解决 BIM 应用阻碍的方法讨论。

（10）BIM 的未来［教师课堂教学（2 学时）＋学生课后学习（1 学时）］

教学内容：BIM 标准和标准化，BIM 成熟度，BIM 2035。

教学要求：让学生学习和了解目前出台的关于 BIM 的各种国家标准和地方政策法规，包括 BIM 交付标准，设计、施工 BIM 应用标准，分类编码标准，存储标准以及出图标准等；掌握 BIM 成熟度的概念及 BIM 成熟度评估等级的划分；了解 BIM 在中国建造 2035 战略中的推广和应用。

课后作业和讨论：BIM 发展前景讨论。

（11）BIM 案例分享一［教师课堂教学（2 学时）＋学生课后学习（1 学时）］

教学内容：Portland 万怡酒店，克鲁塞尔大桥，澳大利亚 Wood-side 公司 Echo 项目，上海中心。

教学要求：通过观看相关案例的视频，如 Portland 万怡酒店、克鲁塞尔大桥、澳大利亚 Wood-side 公司 Echo 项目、上海中心的 BIM 技术运用的视频，结合四个案例使学生分析了解 BIM 技术在油气和土木工程等多行业中各个阶段的应用过程及其价值。

课后作业和讨论：上述案例中 BIM 如何进一步应用。

(12) BIM 案例分享二[教师课堂教学(2 学时)＋学生课后学习(1 学时)]

教学内容：武汉国际博览中心，香港公屋。

教学要求：通过武汉国际博览中心、香港公屋两个案例让学生了解 BIM 技术在大型公众项目中的应用，深刻体会 BIM 在各阶段的应用价值以及 BIM 技术在大型项目运用过程中的重难点。

课后作业和讨论：上述案例中 BIM 如何进一步应用。

10) 教学参考书及文献

(1) 教学参考书：

① 推荐教材：Rafael Sacks 等著，《BIM Handbook：A Guide to Building Information Modeling for Owners，Designers，Engineers，Contractors，and Facility Managers》(第三版)，Wiley，2018 年

② 教学参考书：Chuck Eastman 等著，耿跃云等译，《BIM 手册(原著第二版)》，中国建筑工业出版社，2016 年

(2) 课外文献阅读：

《BIM 应用·导论》，李建成，同济大学出版社，2015 年

11) 课程成绩评定与记载

课程成绩构成(建议增加形成性评价成绩所占比例)：

过程表现占 30％，包括考勤、课堂提问、小测验等；

期末考试占 70％，考核方式为闭卷试题。

2.3 本科课程教学大纲 3：
工程管理 IT 技术

◎ 华南理工大学

1）课程基本信息

（1）课程编号：133405；

（2）课程体系/类别：学科基础课/专业主干课；

（3）课程性质：必修课；

（4）教学时数/学分：32/2；

（5）先修课程：画法几何及建筑制图（一）、画法几何及建筑制图（二）、砌体结构、基础工程、C＋＋语言程序设计、房屋建筑学、土木工程施工；

（6）适用专业及年级：土木类专业大三下学期。

2）课程简介

工程管理 IT 技术是土木工程领域的一门重要的必修课，是培养土木工程专业学生的工程师素养、科研能力和大国工匠精神的关键课程。本课程承接画法几何及建筑制图（一）、画法几何及建筑制图（二）、砌体结构、基础工程、C＋＋语言程序设计、房屋建筑学、土木工程施工等主干课程的内容，善用学生对于信息技术的兴趣，引导学生进行交叉学科的学习，在讲解工程管理的相关理论、实践及其特点的基础上，以 BIM 技术为核心，逐步介绍工程管理相关的 IT 技术，为学生学习后续课程以及参加生产实习打下基础。

本课程将以学生为中心的理念贯穿教学设计全过程，在深入分析大三下学生的知识结构和技能特点的基础上，结合新时代学生对于信息技术的高度热情，在国家大力推动智能建造的政策背景下，在每一个教学章节中适当引入信息技术及人工智能的元素，通过对于智能建造的探索促进学生对于工程管理 IT 基本原理和一般规律的理解。结合本专业建有广东省虚拟仿真教学示范中心的独特优势，综合各种教学资源，应用翻转课堂、虚拟现实教具制作等现代教学方法。

本课程采用成果导向（Outcome-based Education，OBE）的教学设计，设置全过程、多尺度的教学活动及评价活动，采用随堂测验、课后作业、课程探索性项目等形式确保学生达到预定的知识目标、能力目标、素质目标。在期中、期末考试的基础上，通过期中教学调研、期末教学访谈等周期性评价，了解课程目标的达成情况及学生提出的改进建议，形成持续改进的闭环。本课程将以建筑信息模型（BIM）为切入点，向学生介绍现代工程管理中常用的信息技术工具。本课程的目标为：

（1）使学生了解信息技术在工程管理中的应用的紧迫性和必要性。

（2）使学生掌握建筑信息模型的建模技术，了解建筑信息模型的技术内容和应用场景，尤其是 4D BIM、VR 及无人机的使用。

（3）使学生初步掌握面向对象编程技术，并应用于工程实践。

（4）使学生初步掌握数据分析和挖掘技术，并以工程案例为依托进行练习。

本课程将在讲授过程中，同时介绍工程领域的"国之重器"，引导学生了解我国重大工程实践背后的信息技术及智能建造应用，培养学生严谨求实的大国工匠精神及勇于创新的科研精神，契合科研型、创新型人才的培养目标。

3）教学指导思想

以学生为中心的理念贯穿教学设计全过程。师资、支撑条件要有利于学生达到预期目标。本课程为土木工程领域的专业主干课，是本教研室具有传统特色的课程。信息技术的引入，使得本课程也成为工程技术与信息技术多学科交叉融合的课程，内容常讲常新。因此，在讲授过程中，力求让学生在学习工程知识和培养工程能力的基础上，以学生对于信息技术的兴趣为指引，结合重大工程中的信息技术实践及前沿研究中的信息技术相关内容。本课程还依托团队所建设的广东省虚拟现实实验教学示范中心的场地、硬件及软件资源，开展具有专业特色的教学。

成果导向（OBE）的教学设计。培养目标要与对毕业生的要求相适应，根据毕业要求设计课程和教学要求。本课程要求学生能够初步掌握面向对象编程技术，并应用于工程实践，掌握建筑信息模型的建模技术，了解建筑信息模型的技术内容和应用场景，尤其是4DBIM、VR及无人机的使用。针对复杂工程问题，能够选择与使用恰当的技术、资源、现代工程工具和信息技术工具。能够基于土木工程相关背景知识进行合理分析，评价土木工程项目的设计、施工和运行的方案，以及复杂工程问题的解决方案。在课程的全过程，设置作业、探索性项目、虚拟现实教学、翻转课堂、期末考试等教学环节和评价活动，确保学生获得本课程所规定的能力。

4）课程教学目标及学生应达到的能力

（1）工程知识：掌握扎实的建设工程、项目管理及房地产开发经营相关的技术，管理、经济和法律等基础知识、专业基本原理，现代管理科学的理论方法和手段，能够将数学、自然科学、工程基础和专业知识用于解决复杂工程问题。

（2）问题分析：能够应用数学、自然科学和工程科学的基本原理，识别、表达，通过文献研究分析工程管理问题，以获得有效结论。

（3）设计/开发解决方案：能够设计针对土木工程复杂工程问题的解决方案，设计满足特定需求的系统、单元（部件）或工艺流程，并能够在设计环节中体现创新意识，考虑社会、健康、安全、法律、文化以及环境等因素。

（4）研究：能够基于科学原理并采用科学方法对复杂土木工程问题进行研究，包括设计实验、分析与解释数据，通过信息综合得到合理有效的结论。

（5）使用现代工具：能够针对复杂土木工程问题，开发、选择与使用恰当的技术、资源、现代工程工具和信息技术工具，包括对复杂土木工程问题的预测与模拟，并能够理解其局限性。

（6）工程与社会：能够基于工程相关背景知识进行合理分析，评价专业工程实践和复杂工程问题解决方案对社会、健康、安全、法律以及文化的影响，并理解应承担的责任。

（7）环境和可持续发展：能够理解和评价针对复杂工程问题的专业工程实践对环境、社会可持续发展的影响。

（8）职业规范：具有人文社会科学素养、社会责任感，能够在工程实践中理解并遵守工程职业道德和规范，履行责任。

（9）个人和团队：能够在多学科背景下的团队中承担个体、团队成员以及负责人的角色。

（10）沟通：能够就复杂工程问题与业界同行及社会公众进行有效沟通和交流，包括撰写报告和设计文稿、陈述发言、清晰表达或回应指令。并具备一定的国际视野，能够在跨文化背景下进行沟通和交流。

（11）项目管理：理解并掌握工程管理原理与经济决策方法，并能在多学科环境中应用。

（12）终身学习：具有自主学习和终身学习的意识，有不断学习和适应发展的能力。

5）教学策略及方法

（1）课程内容特点、基础学情分析及教学策略

① 课程内容特点

对比土木工程领域的其他主干课程，工程管理 IT 技术课程的内容庞杂，知识点分散，学生需在教师引导下，在学习过程中体会信息技术对于现代土木工程的重要影响，掌握其基本原理和一般规律，并将其中蕴含的工程师素养和工匠精神逐渐内化。本课程的内容对应学生不同的先修课程的内容，涉及的先导知识面广。因此，在课程教学过程中，需要通过适当方法实时摸排学生对于先导知识的掌握情况，灵活调整授课节奏（策略 1）。工程管理 IT 技术同时也是一门常讲常新的课程，我国体量巨大的工程实践不断促进新的工艺工法，人工智能技术的发展也促进了智能建造的兴起。因此，结合我校"新工科"建设要求和本专业全面对接《华盛顿协议》评估认证的要求，本课程还将引导学生探索学习我国重大工程实践中的新技术新工法，探究"大国重器"背后的前沿信息技术和智能建造理念，探究其背后的信息技术原理，并以此加强对于土木工程施工基本原理和工程管理一般规律的理解（策略 2）。我国在工程建设领域的巨大成就，也为本课程的课程思政提供了取之不尽的素材。

② 基础学情分析

工程管理 IT 技术的前导课程包括 C++语言程序设计、工程制图、房屋建筑学、土木工程施工等必要的基础课程。通过这些课程的学习，学生

初步掌握了土木工程的基本知识及术语，对于工程管理的基础概念有了一定认知。学生通过课外竞赛、认识实习、前沿讲座等活动，已经对于信息技术在工程管理中的必要性有了初步认知。另外，学生由于生长环境及所处年龄阶段，对于信息技术具有天然的好奇心。学生们对于信息技术应该如何应用于工程管理中虽有热情，但不知如何下手。因此，本课程将善用学生对于信息技术的兴趣，引导学生进行交叉学科的学习，在讲解工程管理的相关理论、实践及其特点的基础上，以 BIM 技术为核心，逐步介绍工程管理相关的 IT 技术。这是本课的基础学情，与本课所在的专业大背景相关，在此基础上，本课的一个创新做法在于设置一个实时了解学情的问卷环节，通过问卷的互动，做到实时的学情摸排，并以此逐步引入课程内容。

本课程的授课对象为大三下学期的学生，这个阶段的学生已经学习了土木工程领域的众多主干课程，如土木工程材料、混凝土结构理论、钢结构理论等。学生对于土木工程的基本概念、术语和原理有了初步掌握。本课程的内容紧密结合工程实践和前沿技术，能够让学生联系其他先导课程中学习的相关知识，增强学生对于先导知识的理解。同时，必须注意到，学生至今为止只经历了三次为期一天的现场认识实习，对于工程现场的认知有限。因此，必须在教学过程中注重导入现场案例、视频、动画模拟、虚拟现实模型等，并结合学生即将开展的为期一个月的生产实习，提升学生对工程现场的认知(策略3)。此外，近几届学生还出现了由社会舆论带来的新学情。近年来，互联网上特别是短视频网站上出现了"提桶跑路"等针对土木工程行业的调侃甚至是嘲讽，对于学生的专业自信心具有明显的负面作用。因此，本课程作为紧密联系行业前沿实践的课程，必须负起责任，通过对"中国天眼"（FAST）、港珠澳大桥、深中通道、中国高铁等国之重器的介绍，提升学生的专业自豪感和自信心。通过对于新基建理念以及粤港澳大湾区建设的时代背景的介绍，向学生传达时代使命，让学生认识到在土木工程领域大有可为(策略4)。本课程还认识到新时代学生对于信息技术和人工智能的独特兴趣和良好的接受度，在课程中穿插加入智能建造的内容，通过课外文献阅读、探索性项目、虚拟现实教具制作等教学方法，激发学生的学习热情，培养学生勇于探索的科研精神，深化对于工程管理和工程现场的理解（策略5）。

（2）教学方法

① 课堂讲授

a. 多媒体教学与板书教学相结合。本课程制作包含文字、图表、音频、视频等元素的多媒体课件进行课堂教学。这种教学手段形象、生动、直观、信息量大，使学生在听觉、视觉上受到直接的刺激，可以把抽象、难懂的教学内容形象化，既增加了学生的感性认识，又加深了理性认识，可充分调动学生的学习积极性，从而提高教学效果。对于第十二章网络图的绘制及一些关键问题进行板书阐述，实现传统教学方法与现代教学方法的有机结合。

b. 理论与实践相结合的教学方法。在课堂教学过程中引用具体工程项目，尤其是我国重大工程实践作为案例，将理论内容与实践操作相结合，提升学生的学习兴趣及教学效果。

c. 问题引导式教学。在教学过程中，尝试采用问题引导式教学，先设置问题，引导学生讨论、回答、修正答案，最后揭晓正确答案。改变原来的被动教学方法，变为学生主动学习的方法，引导学生主动学习的兴趣，培养学生独立思考、分析问题和解决问题的能力。

d. 课内、课外学习相结合。要求学生在课内要牢固掌握基础理论知识，而在课外要拓宽知识面，布置相应的探索任务，引导学生查阅相应的期刊文献，了解新技术、新方法和学科前沿动态。

② 翻转课堂

本课程将在讲授图形学算法的过程中，组织学生完成翻转课堂。组织形式及要求如下：

a. 选题。教师给定在线课程、中英文文献、视频材料等教学资源，要求学生进行延伸阅读及文献调研。学生需掌握该部分内容的基本理论、容易出现的问题及解决办法，以及工程的联系。

b. 自学。学生针对教师给定的内容自由组合，以小组为单位进行研讨，每个人的分工与责任需明确，并在报告中提供小组研讨情况记录及说明。要求划定章节内容全覆盖，学生全部参与。

c. 教学。学生小组在给定的时间内汇报研究成果，接受师生提问、质疑；教师纠正问题、延伸讲解、点评。

通过翻转课堂，可锻炼学生的文字撰写能力、PPT 制作能力、演讲表达能力、随机应变能力、团队协作能力及自主学习能力。符合以学生为主体的教学模式，课堂效果良好。

③ 混合式教学

本课程将用好雨课堂等在线教学工具，引导学生参与在线讨论。本课程将用好所在团队建设的广东省虚拟仿真实验教学示范中心的实体实验室和中心网站上的虚拟教学资源，引导学生进行与施工技术相关的信息技术学习，教师会带领学生在机房进行相关软件的学习和演练，让学生掌握先进的 BIM 技术在施工管理中的应用。此外，在课程的探索性项目中，鼓励学生开发小软件、小程序，模拟施工过程。

④ 虚拟现实教具

相对于传统教育，VR 教育通过虚拟技术形成三维空间，使体验者亲历施工过程中的一些可能发生的危险场景，而实体安全体验室是用建筑实体材料建造的一个体验区，通过体验者亲身参与各类实体体验项目，使其了解和掌握事故的危险性。本课程根据防水工艺模拟教学的要求，设计了完整的虚拟现实框架，主要包括模拟教学的总体结构设计、模拟教学的功能设计和整套 VR 软件的开发流程。其中模拟教学的总体结构设计包括土木工程施工防水工程的基层处理、特殊部位处理要求、热熔法操作工艺步骤；

模拟教学的功能设计主要涉及操作介绍、知识点虚拟展示、实操展示、安全提示四个功能；VR 模拟教学开发流程和一般游戏的开发流程相类似，主要有需求分析、模型及动画的建立和导入、场景搭建、特效制作、代码书写、软件测试及发布。学生在学习的过程中，分批进入虚拟现实实验室，体验虚拟现实教具，并通过实时测验，检验学习效果。

⑤ 现场参观

利用课外时间，带领学生到施工现场参观，使学生更直观地接触施工中的信息技术，了解施工技术及管理的前沿科技成果在实践中的应用情况。

⑥ 探索性项目

结合教师科研工作，布置与智能建造相关的探索性项目，使得学生对于前沿技术有初步认知。学生通过以小组为单位研究完成教师提出的一系列相关挑战，培养科学素养、团队合作精神以及解决问题的能力。此外，根据所学知识进行课堂讨论，培养语言组织能力、学术表达能力以及知识应用能力。以"智能吊装新技术"为题，引导学生探究我国在吊装方面的新技术、新工法，尤其引导学生注意智能吊装背后的人工智能算法。另外，还以"智能搬砖技术"为题，以教师相关科研项目为背景，引导学生关注饰面工程的智能进度监控技术。

本课程的教学目标、教学策略与教学方法的关系如图 2.1 所示。

（3）创新性及特色

本课程为土木工程领域的专业主干课，是本教研室具有传统特色的课程。同时，由于我国工程实践的不断涌现及智能建造概念的兴起，本课程又是一门常讲常新的课程。信息技术的引入，使得本课程逐渐成为工程技术与信息技术多学科交叉融合的课程，这是本课程的一大特色。因此，在讲授过程中，力求让学生在学习工程知识和培养工程能力的基础上，以学生对于信息技术的兴趣为指引，结合重大工程中的信息技术实践及前沿研究中的信息技术相关内容，讲授学生未来在工作中可能用到的信息技术。

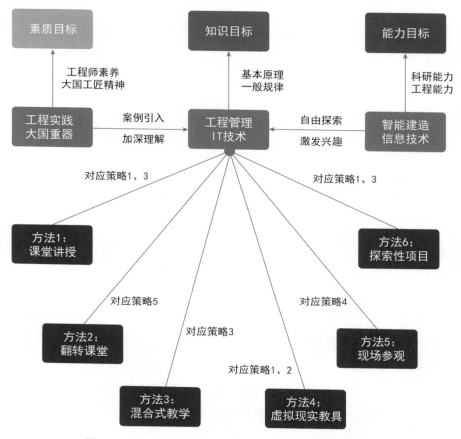

图 2.1　课程教学目标、教学策略及教学方法之间的关系

　　通过对于智能建造及信息技术的相关学习，反过来促进学生对于土木工程施工技术的基本原理和工程管理一般规律的理解。

　　本课程依托所在的省级虚拟仿真教学中心，重视学生在实体实验室及虚拟实验室的体验学习，同时，学生可以综合运用实验室自主开发的小程序、插件以及虚拟现实教具，进行自主学习及探索。

　　结合重大工程实践的相关纪录片、文献、虚拟现实仿真等教学材料，让学生了解本科所学内容的实际价值，极大地调动学生兴趣。结合前沿文献中的相关内容，让学生初步学会从文献中学习新知识，也为他们未来读研、出国等打开视野。实际上，每一届都有学生在上本课程的过程中或者本课程结课后，加入教师所在实验室团队从事研究及创新创业工作，获得国内外竞赛奖项及参与国家级创新创业项目。

6）课程教学内容与学时分配

课程教学内容与学时分配如表 2.3 所示。

表 2.3　教学内容与学时分配

序号	知识单元/章节	知识点	教学要求	推荐学时	教学方式	支撑课程目标
1	第一章 BIM 概论	1.1　思政课 思政部分：新技术、创新和与时俱进	1. 了解建筑行业对于新技术的需求 2. 了解新兴科技的特点及与行业的适应性 3. 引导学生对于新技术的好奇心与兴趣	4	讲授	1
		1.2　BIM 产生的行业背景和技术背景	1. 了解 BIM 的行业背景 2. 掌握 BIM 的技术背景		讲授	1
		1.3　BIM 的应用	了解 BIM 在设计和施工阶段的应用		讲授	1
2	第二章 BIM 数据标准、政策与研究概况	2.1　IFC	1. 了解 BIM 通用数据标准 IFC 的必要性 2. 掌握 IFC 的数据模式	4	讲授	1
		2.2　BIM 政策	1. 了解国外 BIM 政策 2. 掌握我国 BIM 政策的思路与要求		讲授	1
					讲授	1
		2.3　BIM 研究概况	1. 了解国内外 BIM 研究概况 2. 了解 BIM 新研究动态		讲授	1、3
3	第三章 BIM 部署与经济性评价	3.1　BIM 部署	了解 BIM 部署要求和方法	4	讲授	1
		3.2　BIM 经济性评价	了解最新的 BIM 评价方法		讲授	1
4	第四章 BIM 软件	4.1　了解 BIM 软件和主要厂商	了解 BIM 软件和主要厂商	4	讲授	1
		4.2　BIM 建模	掌握 BIM 建模软件的使用		上机	1、2

序号	知识单元/章节	知识点	教学要求	推荐学时	教学方式	支撑课程目标
5	第五章 算法与流程图	5.1 经典计算机图形学算法	掌握支撑 BIM 软件的计算图形学算法的思路	4	讲授	1
		5.2 流程图	掌握流程图的规范画法		讲授	2、3
6	第六章 数据库技术	6.1 数据库技术的发展历程	1. 了解数据库技术的发展历程 2. 掌握 BIM 与数据库的关系	4	讲授	1
		6.2 数据模式	1. 了解数据库的数据模式 2. 掌握 ER 图的画法		讲授	1、3
7	第七章 BIM 二次开发	7.1 C♯语言使用	了解 C♯的语法	4	讲授	1
		7.2 二次开发	掌握 BIM 二次开发的思路与技巧		讲授	2、3
8	第八章 虚拟现实与增强现实技术	8.2 虚拟现实技术	掌握虚拟现实技术的实现原理	2	讲授	1
		8.3 增强现实技术	掌握增强现实技术的实现原理		讲授	1
9	第九章 工程管理 IT 前沿技术	云计算、物联网、GIS	了解工程管理 IT 技术的前沿技术	2	讲授	2

2.4 本科课程教学大纲 4：
工程管理信息化技术与应用

◎ 深圳大学

1）课程基本信息

课程名称：工程管理信息化技术与应用（Information Technology and Application in Construction Management）；

学分：2；

学时：课堂讲授 18 学时，实践教学 36 学时，共 54 学时（折合课堂讲授 36 学时）；

课程类别：专业选修；

课程总目标：本课程的总目标是让学生掌握工程管理领域最新的信息化技术并初步具备应用信息化技术解决工程管理问题的能力。课程主要分为课堂讲授和实践教学两大部分。其中，课堂讲授包括 3 个知识单元：BIM 在工程项目全生命周期中的应用、基于集成 BIM 的工程管理方法、计算机编程在工程管理中的应用。通过课堂讲授让学生掌握 BIM 在工程管理各阶段的基本应用，深化对 BIM 的认识；掌握 BIM 是如何结合其他信息化技术更好地服务于工程管理的；培养学生利用计算机编程技术解决实际工程问题的思维。实践教学主要包括课下阅读相关的文献资料、上机操作练习、课程设计。课下阅读有利于进一步理解课堂讲授的内容，上机操作练习和课程设计则是为了学以致用，培养学生动手能力，以及团队合作能力。

2）教学团队

（1）专职教师：谭毅。

（2）兼职教师：无。

3）阅读材料

（1）推荐教材：

《BIM 应用·导论》，建筑信息模型 BIM 应用丛书，同济大学出版社，2015 年

（2）参考教材：

《BIM 应用·设计》，建筑信息模型 BIM 应用丛书，同济大学出版社，2016 年

《BIM 应用·施工》，建筑信息模型 BIM 应用丛书，同济大学出版社，2015 年

Eastman C，Teicholz P，Sacks R，Liston K．BIM Handbook：A Guide to Building Information Modeling for Owners，Managers，Designers，Engineers and Contractors. 2nd edition. Wiley，2011

《Autodesk Revit 二次开发基础教程》，建筑信息模型 BIM 丛书，同济大学出版社，2015 年

《AnyLogic 建模与仿真》，高等院校信息技术规划教材，清华大学出版社，2014 年

（3）进一步学习资料（含网络教学资源等）

中文期刊：《建筑经济》《工程管理学报》《住宅产业》《施工技术》等；

英文期刊：*Automation in Construction*、*Information Technology in Construction*、*Computing in Civil Engineering*、*Advanced Engineering Informatics*、*Journal of Construction Engineering and Management* 等。

4）课程内容与学习目标

课程内容与学习目标如表 2.4 所示。

表 2.4 课程内容与学习目标

知识/技能单元 （建议学时）	知识点	学习目标
BIM 在工程项目全生命周期中的应用（10 学时）	工程项目全生命周期、BIM 的起源与发展	掌握 BIM 在工程项目全生命周期各个阶段基本应用，包括各种模拟仿真分析等，了解其在各阶段所承担的角色，并与传统的管理方法进行对比分析
	BIM 在项目前期策划、设计、施工、运营维护阶段的应用	
BIM＋：基于集成 BIM 的工程管理方法（2 学时）	BIM 集成其他技术如 VR/AR/MR 以及数据库管理	掌握能够促进工程管理的其他技术，并学习 BIM 是如何集成这些技术，更好地进行工程项目的信息化管理的
计算机编程在工程管理中的应用（6 学时）	Revit 二次开发常用语言 C♯、Revit 可视化编程语 Dynamo、Matlab 操作、Excel 中 VBA 语言	培养计算机编程的逻辑思维，并学会利用工程信息化领域常用的编程语言解决简单的工程管理问题
课下阅读＋上机实践＋课程设计（36 学时）	根据参考资源，通过课下学习、上机实践操作、组队合作解决实际工程问题	以问题为导向，培养学生自主学习能力、相关软件实际操作能力，以及小组协同合作能力

5）课程要求

（1）平时作业：阅读教材的相关内容；

（2）课后阅读：阅读参考教材和学习资料的相关内容；

（3）其他：学期末提交课程设计报告，要求以小组形式进行展示（PPT），课程设计内容基于课堂讲授介绍的 BIM 领域软件和编程语言。

6）教学进度

教学进度安排如表 2.5 所示。

表 2.5 教学进度

周次	教学内容	授课方式	作业/测验	辅助学习材料/资源
1	课程简介、工程项目全生命周期以及 BIM 的起源与发展	课堂讲授（2 学时）	作业	推荐教材
	推荐文献阅读	实践教学（2 学时）	作业	学习资料
2	实践指导、上机练习	实践教学（2 学时）	作业	学习资料
3	BIM 在项目前期策划阶段的应用	课堂讲授（2 学时）	作业	参考教材
	推荐文献阅读	实践教学（2 学时）	作业	学习资料
4	实践指导、上机练习	实践教学（2 学时）	作业	学习资料
5	BIM 在项目设计阶段的应用	课堂讲授（2 学时）	作业	参考教材
	推荐文献阅读	实践教学（2 学时）	作业	学习资料
6	实践指导、上机练习	实践教学（2 学时）	作业	学习资料
7	BIM 在项目施工阶段的应用	课堂讲授（2 学时）	作业	参考教材
	推荐文献阅读	实践教学（2 学时）	作业	学习资料
8	实践指导、上机练习	实践教学（2 学时）	作业	学习资料
9	BIM 在项目运营维护阶段的应用	课堂讲授（2 学时）	作业	参考教材
	推荐文献阅读	实践教学（2 学时）	作业	学习资料
10	实践指导、上机练习	实践教学（2 学时）	作业	学习资料
11	BIM＋VR/AR/MR BIM＋数据库管理	课堂讲授（2 学时）	作业	参考教材
	推荐文献阅读	实践教学（2 学时）	作业	学习资料
12	分组进行课程设计	实践教学（2 学时）	课程设计案例	学习资料
13	Revit 二次开发常用语言 C♯	课堂讲授（2 学时）	作业	参考教材
	实践指导、上机练习	实践教学（2 学时）	作业	学习资料
14	分组进行课程设计	实践教学（2 学时）	课程设计案例	学习资料

续表

周次	教学内容	授课方式	作业/测验	辅助学习材料/资源
15	参数化建模及可视化编程语言 Dynamo	课堂讲授(2 学时)	作业	学习资料
	实践指导、上机练习	实践教学(2 学时)	作业	学习资料
16	分组进行课程设计	实践教学(2 学时)	课程设计案例	学习资料
17	Matlab 基本操作 Excel 中 VBA 语言	课堂讲授(2 学时)	作业	学习资料
	实践指导、上机练习 课程设计指导	实践教学(2 学时)	课程设计案例	学习资料
18	课程设计汇报(PPT)	实践教学(2 学时)	课程设计案例	无

7）考核方式

考核方式具体如表 2.6 所示。

表 2.6　考核方式

成绩构成	具体项目	比例	说明
课堂考核	缺勤率、课堂互动	10％	进行 4 次点名，课堂讨论
课下作业	文献翻译及阅读总结	40％	根据作业质量进行打分
课程设计	提交课程设计报告	40％	根据报告质量进行打分
成果展示	课程设计汇报	10％	根据汇报表现进行打分

2.5 本科课程教学大纲 5：
建筑信息建模（BIM）技术应用

◎ 西南石油大学

1）课程简介

本课程为工程管理专业的第二课堂课程，开设本课程的目的是通过在学生中推广 BIM 技术实操技能的学习，让学生掌握 BIM 技术建模、模型渲染、多维动态仿真的基本知识以及基本操作方法，为今后在工作中接触相关前沿软件打好基础。

2）课程目标

通过对于相关 BIM 软件的操作学习，学生需具备以下能力：

目标 1：使用 BIM 软件进行各专业建模，并设置构件材质，进行渲染漫游，输出图纸、明细表的能力；能够对模型进行多专业碰撞检测，实现管道、结构、建筑的综合设计。

目标 2：使用 BIM 软件结合工程施工进度计划，生成虚拟施工仿真视频的能力；能够设置施工过程中的突发事件，针对性地对施工计划进行调整和优化的能力。

课程目标对应的毕业要求指标点如表 2.7 所示。

表 2.7　支撑的毕业要求指标点

课程目标	支撑的毕业要求指标点	采用的教学环节
1	自然科学知识：了解可持续发展相关知识，了解当代科学技术发展的基本情况 工具性知识：掌握计算机及信息技术的基本原理及相关知识	实践教学
2	基础能力：具备运用计算机辅助解决专业相关问题的基本能力；具有创新意识和具备初步创新能力，能够在工作、学习和生活中发现、总结、提出新观点和新想法 科学素质：具有严谨求实的科学态度和开拓进取精神；具有科学思维的方式和方法；具有创新意识和创新思维	实践教学

3）课程的主要学习内容和学时分配

（1）BIM 软件建模与综合设计（1 周）

目的与要求：使用 Revit 软件进行各专业建模，并设置构件材质，进行渲染漫游，输出图纸、明细表，要求学生能够根据实际工程图纸建立一个建筑物及其周边场地的模型。使用 Navisworks 软件对不同专业模型进行碰撞检测，对管道、结构、建筑等各种构件设计进行优化，实现综合设计。

难点与重点：模型定位链接。

思政元素切入点：使用 BIM 技术是建筑行业发展的大趋势，当代大学生作为未来的行业从业者，必须迎头赶上时代潮流。

跨学科知识点：计算机科学与技术。

教学建议：

① 前期为学生进行至少一天的集中技能培训；

② 后期建模以课程网站或者提供网盘资源的方式为学生提供支持，教师着重于答疑解惑。

（2）BIM 软件虚拟施工（1 周）

目的与要求：使用 Navisworks 软件进行选择树设置，使用 Timeliner 工具生成虚拟施工仿真视频，要求学生能够自己根据 Revit 模型中的工程量明细表计算得出进度计划，与模型进行链接生成虚拟施工仿真视频。能够运用广联达 BIM5D 软件或者 Fuzor 等软件对施工场地进行布置和优化，模拟设置施工过程中的突发事件，针对性地对施工进度计划进行调整。

难点与重点：进度计划与模型的链接。

思政元素切入点：使用 BIM 技术是建筑行业发展的大趋势，当代大学生作为未来的行业从业者，必须迎头赶上时代潮流。

跨学科知识点：计算机科学与技术。

教学建议：

① 可以允许学生以五人为一小组共同完成相关工作，但是应适当提高要求；

② 允许学生以参加学科竞赛的方式代替本课程的修读。

4）课程考核

（1）课程考核方式

期末：优化设计模型、虚拟施工视频或者参加学科竞赛。

（2）课程目标达成考核及成绩评定

课程目标达成考核及成绩评定如表 2.8 所示。

表 2.8 课程目标达成考核及成绩评定

成绩核算方法			课程目标达成考核(%)	
成绩构成	分项成绩	考核方式	目标 1	目标 2
实践(100%)	期末成绩(100%)	报告(100%)	100	100

注：$z_1+z_2+z_3=100$，$a_1+a_2\cdots+a_n=100$，$b_1+b_1\cdots+b_n=100$；
课程目标达成考核是各项考核方式对目标达成的支撑比例，填写范围值。

5）主要教材及参考书

教材/实验指导书：提供软件电子教程和教学视频。

6）课程教学资源

课程网站：http：//mooc1. chaoxing. com/course/201703999. html

2.6 本科课程教学大纲 6：
建筑信息技术 II

◎ 重庆大学

1）课程基本信息

课程基本信息如表 2.9 所示。

表 2.9 课程基本情况

课程名称	建筑信息技术 II	学分/学时	2/32
课程类别	专业课程	授课对象	本科生大三
预修要求	GRA11001 工程制图与计算机绘图、ARCH20380 房屋建筑学、CST11012 程序设计技术（基于 Python）、CMRE32700 建筑信息技术（I）		

2）课程介绍

该门课程面向工程管理、工程造价、财务管理、房地产经营管理四个专业开设，是一门独立的实验课程。系统介绍了计算机辅助设计、建筑信息模型、虚拟现实技术等新信息技术的发展、原理与应用。通过本课程的教学，使学生能够理解建筑信息模型、虚拟现实技术的基本概念与原理，熟练运用相关软件进行建模，掌握其在项目设计、管理中的应用方法，培养学生在信息时代背景下使用新一代信息技术的创新能力，为进一步学习专业课程打下良好的基础。教学中应注意对学生基本理念与创新意识的培养，符合培养高级管理人才的培养目标。

该课程设置了 BIM 相关软件上机实践环节，训练学生自主建模，并基于同一个 BIM 模型展开各种技术的融合，涉及大数据分析、仿真模拟、VR、AR、物联网、3D 打印等技术的融合，训练学生将理论结合实践，了解如何用新技术对本专业知识进行创新，并初步掌握各个技术的基本原理，旨在有效地激发学生学习的兴趣，并能培养本科生的研究创新力。

3）教学目标

（1）知识要求：掌握各种新一代信息技术的概念和应用原理、BIM 技术概念与应用、建筑信息模型建模软件 2～3 种、新技术与建筑工程的融合应用。

（2）能力要求：锻炼学生系统分析问题和解决问题的能力、对新技术应用创新的能力。

（3）素质要求：培养创新、创业精神；帮助学生提升批判性思维、创新性思维能力；培养团队协作和沟通能力。

4）教学内容

本课程分为理论与实践两个教学环节，学生应先修理论环节，再修实践环节，实践环节分为软件技能训练和专项技能训练。

（1）理论教学(8 学时)：

理论教学主要内容如表 2.10 所示。

表 2.10　理论教学主要内容

序号	章节	学时	主要内容
1	BIM 概述	2	BIM 的概念
			BIM 的技术特征
			BIM 的发展史
			BIM 在建筑全生命周期中的应用概述
2	BIM 相关标准	2	BIM 基础标准
			BIM 分类编码标准
			BIM 数据模型标准
			BIM 过程标准
3	BIM 在建筑项目中的应用点	2	BIM 在设计阶段的应用
			BIM 在采购阶段的应用
			BIM 在施工阶段的应用
			BIM 在运营阶段的应用
4	其他新技术与 BIM 技术的融合	2	VR 技术与 BIM 的融合
			AR 技术与 BIM 的融合
			3D 打印技术与 BIM 的融合
			无人机技术与 BIM 的融合
			BIM/数字孪生与各种信息技术的融合

（2）实践教学（24 学时）：

① 软件技能训练（16 学时）：软件技能训练主要内容如表 2.11 所示。

表 2.11　软件技能训练主要内容

序号	章节	学时	主要内容
1	Revit 入门	2	• 介绍 Revit 发展历史 • 硬件配置要求 • 设计流程和基本工具的运用 • 族的概述与制作

续表

序号	章节	学时	主要内容
2	Revit 进阶一	3	• Revit 平立剖面参数设置及工具运用 • 轴网参数设置 • 复杂墙体制作与原理 • 楼梯参数设置与运用 • 文字参数设置与运用 • 尺寸标注参数设置与运用 • 标记注释与符号参数设置与运用
3	Revit 进阶二	3	• 运用 Revit 体量工具及其相关原理 • 体量形状的创建和修改方法 • 材质添加和参数设置 • 光源的概述和创建照明设备 • 创建透视三维视图和正交三维视图 • 漫游的创建和相关参数设置 • 创建图纸和制作图框 • 多方案比较的方法以及相关参数的设置和原理 • 项目阶段划分及其设置原理讲解 • 明细表创建及参数原理设置
4	BIM 协同软件 进阶三	4	• BIM 企业协同架构和分析 • 多专业文件链接后的碰撞检查以及方法 • 工作集的创建和原理与运用 • 施工图绘制 • Navisworks 等协同软件、造价软件等
5	VR/AR 入门	2	• 虚拟现实的室内外场景设置 • 人形模型设置

续表

序号	章节	学时	主要内容
6	三维模型 VR/AR 化进阶	2	• 介绍 SU 模型导入处理 • Revit 模型导入处理 • 材质输入设置 • VR 效果图输出 • 全景视频输出

② 专项技能训练（8 学时）：设置 8—11 个专项创新实验，举例如表 2.12 所示，学生挑选其中 4 个实验进行。

表 2.12　专项创新实验

序号	专项创新实验
1	VR/AR 的建筑设计表现和漫游实验
2	3D 打印工程应用实验
3	机器人辅助施工组织设计实验
4	基坑开挖与支护动态模拟实验
5	建筑装配化施工模拟实验
6	建筑工程模版支撑体系可视化实验
7	5D 施工场地模拟实验
8	BIM 项目进度管理实验
9	BIM 项目资源管理实验
10	基于 BIM 的 5D 施工组织设计模拟实验
11	新一代信息技术与数字孪生融合的创新实验

5）教学安排

教学安排及对应教学要求如表 2.13 所示。

表 2.13 教学安排及教学要求

教学环节	章节		学时安排	教学内容	教学要求			
					了解	理解	掌握	运用
理论教学 8 学时	BIM 概述		2	BIM 的基本概念	√			
				BIM 技术特征的认知	√			
				BIM 的发展趋势	√			
	BIM 相关标准		2	BIM 基础标准			√	
				BIM 分类编码标准			√	
				BIM 数据模型标准			√	
				BIM 过程标准			√	
	BIM 在建筑项目中的应用点		2	BIM 在设计阶段的应用			√	
				BIM 在采购阶段的应用			√	
				BIM 在施工阶段的应用			√	
				BIM 在运营阶段的应用			√	
	其他新技术与 BIM 技术的融合		2	VR 技术与 BIM 的融合	√			
				AR 技术与 BIM 的融合	√			
				3D 打印技术与 BIM 的融合		√		
				无人机技术与 BIM 的融合		√		
实践教学 24 学时	软件技能训练 16 学时	Revit 入门	2	• Revit 发展历史 • 硬件配置要求 • 设计流程和基本工具的运用 • 族的概述与制作				√
		Revit 进阶一	3	• Revit 平立剖面参数设置及工具运用 • 轴网参数设置 • 复杂墙体制作与原理 • 楼梯参数设置与运用 • 文字参数设置与运用 • 尺寸标注参数设置与运用 • 标记注释与符号参数设置与运用				√

教学环节	章节		学时安排	教学内容	教学要求			
					了解	理解	掌握	运用
实践教学 24 学时	软件技能训练 16 学时	Revit 进阶二	3	• Revit 体量工具及其相关原理 • 体量形状的创建和修改方法 • 材质添加和参数设置 • 光源的概述和创建照明设备 • 创建透视三维视图和正交三维视图 • 漫游的创建和相关参数设置 • 创建图纸和制作图框 • 多方案比较的方法以及相关参数的设置和原理 • 项目阶段划分及其设置原理讲解 • 明细表创建及参数原理设置				√
		BIM 协同软件 进阶三	4	• BIM 企业协同架构和分析 • 多专业文件链接后的碰撞检查以及方法 • 工作集的创建和原理与运用 • 施工图绘制 • Navisworks 等协同软件、造价软件等				√

续表

教学环节	章节	学时安排	教学内容	教学要求			
				了解	理解	掌握	运用
软件技能训练16学时	VR/AR 入门	2	• 虚拟现实的室内外场景设置 • 人形模型设置				√
	三维模型 VR/AR 化进阶	2	• SU 模型导入处理 • Revit 模型导入处理 • 材质输入设置 • VR 效果图输出 • 全景视频输出				√
实践教学24学时	VR/AR 的建筑设计表现和漫游实验	2	从教学实验中挑取任意 4 个实验内容进行专项的实践和实验，训练学生对各类信息技术和 BIM 融合的综合应用能力				√
	3D 打印工程应用实验	2					√
	机器人辅助施工组织设计实验	2					√
	基坑开挖与支护动态模拟实验	2					√
专项技能训练8学时	建筑装配化施工模拟实验	2					√
	建筑工程模板支撑体系可视化实验	2					√
	5D 施工场地模拟实验	2					√
	BIM 项目进度管理实验	2					√
	BIM 项目资源管理实验	2					√

续表

教学环节	章节		学时安排	教学内容	教学要求			
					了解	理解	掌握	运用
实践教学24学时	专项技能训练8学时	基于 BIM 的 5D 施工组织设计模拟实验	2					√
		新一代信息技术与数字孪生融合的创新实验	2					√

6) 考核方式

本课程以课堂讲授、实验上机为主导，辅之以开放式师生互动、课程讨论、有组织的小组讨论、小组作业或者讨论成果展示、学生个人作业评价、学生自主学习成果评价、学生质疑与教师评价等方式的综合运用。

考核方式为平时作业和期末综合考核作业两部分。平时作业考核主要以各组完成的 4—5 次小作业（头脑风暴方案设计、前沿话题分析、问题解决方案设计等）、各个小组课堂表现（主动提问、主动回答问题等）内容考核学生的平时成绩，占本课程总评成绩的 40%。课程结束后进行期末综合考核，以课程任务导向性综合大报告为主，主要考核基本理论的掌握程度、应用解决实际问题的综合应用能力、创新能力水平、团队协作能力，占本课程总评成绩的 60%。

7) 参考材料

Eastman C，Teicholz P，Sacks R，Liston K. BIM Handbook：A Guide to Building Information Modeling for Owners，Managers，Designers，Engineers and Contractors. 2nd edition. Wiley，2011

Robert S Weygant. BIM Content Development：Standards，Strategies，and Best Practices. Wiley，2011

Brad Hardin，Dave McCool. BIM and Construction Management：Proven Tools，Methods，and Workflows. 2nd Edition. Wiley，2018

《BIM 应用·导论》，李建成，同济大学出版社，2015 年

《BIM 应用·施工》，丁烈云，同济大学出版社，2015 年

2.7 本科课程教学大纲 7：
BIM 理论与应用

◎ 河海大学

1）课程名称

BIM 理论与应用；

BIM Theory and Application。

2）学分/学时

2 学分/32 学时。

3）使用教材

《BIM 总论》，何关培，中国建筑工业出版社，2011 年

4）课程属性

专业提升课/选修。

5）教学对象

工程管理专业本科生。

6）开课单位

商学院工程经济与工程管理系。

7）先修课程

建筑工程概论、工程项目管理、工程计价、工程施工。

8）教学目标

本课程主要是为综合应用型工程管理专业毕业生开设的个性课程。本课程将支撑工程管理专业学生在工具性知识、信息技术运用能力、工程项目设计能力和创新能力，以及终身学习和适应发展的素质等方面得到提升，使学生掌握 BIM 相关基本概念和基础理论知识，熟悉 BIM 的国内外发展趋势，使其具备在工程建设和运营维护全过程中应用 BIM 开展项目管理工作的能力。

9）课程要求

本课程采用课堂讲授、主题讨论与上机训练相结合的教学方式，重点培养学生利用现代信息化手段分析、解决实际管理问题的能力。本课程要求学生提前阅读教学教材和相关参考资料，主动参与课堂讨论，按时完成上机训练、期中期末报告。本课程教学环节的具体要求为：2—3 次讨论课，要求提前一周做准备；3—4 次上机训练；期中期末报告各 1 次。

10）教学内容

本课程主要由以下内容组成：

（1）第一章　BIM 概述（2 学时）

知识要点：BIM 的由来，BIM 的基本概念与相关技术和方法，BIM 的国内外发展现状。

重点难点：BIM 的基本概念。

教学方法：讲授。

（2）第二章　BIM 应用概述（4 学时）

知识要点：BIM 在设施全生命周期中的应用框架，BIM 在前期策划、设计、施工和运维等阶段的应用，BIM 技术相关国际国内标准，支持 BIM 应用的软硬件及技术。

重点难点：BIM 在不同阶段的应用，BIM 应用相关软件。

教学方法：讲授，课后项目，上机。

（3）第三章　基于 BIM 的工程项目 IPD 模式（4 学时）

知识要点：基于 BIM 的 IPD 模式及其生产过程，基于 BIM 的 IPD 模式组织设计，基于 BIM 的 IPD 模式契约。

重点难点：IPD 模式的概念，IPD 模式组织与契约设计。

教学方法：讲授，主题讨论。

（4）第四章　BIM 实施的规划与控制（4 学时）

知识要点：企业级 BIM 实施规划，项目级 BIM 实施规划，BIM 实施过程中的协调与控制。

重点难点：项目级 BIM 实施规划与控制。

教学方法：讲授，自学。

（5）第五章　基于 BIM 的虚拟建造与现场规划（4 学时）

知识要点：基于 BIM 的构件虚拟拼装，基于 BIM 的施工方案模拟，基于 BIM 的施工现场机械、物流与人流规划。

重点难点：基于 BIM 的施工方案模拟。

教学方法：讲授，主题讨论，上机。

（6）第六章　基于 BIM 的施工进度管理（6 学时）

知识要点：BIM 在施工进度管理中的应用价值与流程，基于 BIM 的进度管理方法。

重点难点：基于 BIM 的进度管理方法。

教学方法：讲授，案例教学，上机。

（7）第七章　基于 BIM 的工程造价管理（6 学时）

知识要点：BIM 在工程造价管理中的应用价值和流程框架，基于 BIM 的工程预算；基于 BIM 的 SD 模拟与方案优化，基于 BIM 的工程造价过程控制。

重点难点：基于 BIM 的工程造价过程控制。

教学方法：讲授，案例教学，上机。

（8）第八章　BIM 的其他应用（2 学时）

知识要点：基于 BIM 的维护维修管理，基于 BIM 的灾害与应急管理，基于 BIM 的运营与模拟管理，BIM 与可持续建筑和建筑业工业化。

重点难点：基于 BIM 的运营、维护维修管理。

教学方法：自学，讲授。

11）教学参考

Eastman C，Teicholz P，Sacks R，Liston K．BIM Handbook：A Guide to Building Information Modeling for Owners，Managers，Designers，Engineers and Contractors．2nd edition．Wiley，2011

《BIM 应用·导论》，李建成，同济大学出版社，2015 年

《BIM 应用·施工》，丁烈云，同济大学出版社，2015 年

中国 BIM 门户 http：//www. chinabim. com/

12）考核方式

考查（小组报告、个人报告等）。

13）课程说明

无。

2.8 本科课程教学大纲 8：
数据库原理

◎ 深圳大学

1）课程基本信息

课程编号：0901970001；

课程类型：专业核心课；

学时/学分：36/2；

先修课程：无；

适用专业：工程管理。

2）课程目标及学生应达到的能力

数据库技术是计算机科学中发展最快的领域之一，它已成为计算机信息系统与应用系统的核心技术和重要基础。本课程是工程管理专业的专业选修课程。通过本课程的学习，使学生理解数据库系统的基本原理，包括数据库的一些基本概念、各种数据模型的特点、关系数据库基本概念、SQL 语言、关系数据理论、数据库的设计理论。使学生掌握数据库应用系统的设计方法，指导其在今后工程管理中的应用。

实践方面：要求学生利用数据库的原理知识和实用工具动手开发数据库应用系统。其最终目的是培养学生运用数据库技术解决问题的能力，激发他们在此领域中继续学习和研究的愿望。具体包括：

课程目标 1：要求在掌握数据库系统基本概念的基础上，能熟练使用 SQL 语言在某一个数据库管理系统上进行数据库操作。

课程目标 2：掌握数据库设计方法和步骤，具有设计数据库模式以及开发数据库应用系统的基本功能。

课程目标 3：能够利用 Access 创建数据库，熟悉数据库的 4 个常用对象：表格、查询、窗体及报表，并能用 SQL 语句进行数据的查询。

课程目标 4：能够充分利用网络资源开展小组合作学习，树立正确的信息资源价值观，达到自主创新的目的。

3）课程教学内容与学时分配

本课程包含理论教学 28 学时，课时分配如下：

第一部分　数据库系统　4 学时；

第二部分　关系数据库　4 学时；

第三部分　数据库设计　10 学时；

第四部分　SQL 语句　8 学时；

第五部分　数据库＋　2 学时。

本课程包含基于 Access 的实践教学 8 学时，通过线上和线下（课堂）结合的方式进行，课时分配如下：

第一部分　Access 表格(关系)的创建　2 学时；

第二部分　Access 查询设计　2 学时；

第三部分　Access 窗体设计　2 学时；

第四部分　Access 报表设计　2 学时。

4) 课程教学方法

本课程所采用的教学方法如下：

（1）课堂讲授

① 采用启发式教学，激发学生主动学习的兴趣，培养学生独立思考、分析问题和解决问题的能力，引导学生主动通过实践和自学获得自己想学到的知识。

② 在教学过程中采用多媒体教学与传统板书相结合，增加课堂教学信息量，增强教学的直观性。

③ 理论教学与实践相结合，引导学生应用数据模型、数据库规范化理论等进行简单数据库的设计与创建，能够对现实数据管理问题进行模型化描述及结构化存储。

④ 课内讨论和课外答疑相结合，线上与线下答疑相补充。并通过学习通、QQ、微信等手段与学生进行在线交流，及时回答学生的疑问。同时，每周通过授课教师的 Office Hour 对学生进行面对面答疑。

（2）平时作业及综合大作业

课后围绕每周教学重点内容布置平时作业和综合大作业，促进学生掌握数据库设计各部分理论内容，同时考查学生的实践能力。

（3）阶段性测试及期末考试

通过测试考查学生对知识的掌握情况，拟进行随堂测试 2 次、期末考试

（随堂）1 次。

5）课程的考核环节及课程目标达成度自评方式

本课程采用过程性考核方式考查学生的学习情况，具体安排如表 2.14 所示。

表 2.14 过程性考核方式具体安排

考核形式	次数	评分占比	考核时间
平时作业	2	20%	学期中间
阶段性测试	2	20%	学期中间
综合性大作业	1	30%	期末
期末考试（随堂）	1	30%	17 周

6）本课程与其他课程的联系与分工

本课程属于工程管理专业的计算机信息化类专业选修课程，着重讲授数据库设计原理与数据库编程 SQL 语句等相关内容，可以提升学生对于工程数据及数据管理系统方面的认识和理解。

7）建议教材及教学参考书

（1）教材

《数据库系统概论（第 3 版）》，萨师煊、王珊，高等教育出版社，2003 年

（2）参考书

《数据库系统——设计实现与管理》，Thomas Connolly，Carolyn Begg，电子工业出版社，2003 年

《数据库理论及应用基础》，汤庸等，清华大学出版社，2004 年

2.9　本科课程教学大纲 9：
　　　　BIM 技术基础

◎ 南京工业大学

1）课程基本信息

课程基本信息如表 2.15 所示。

表 2.15　课程基本信息

课程名称	BIM 技术基础			
课程英文名称	BIM Technology			
所属学科	0814　土木工程	所属知识领域	081402　结构工程	
学分	2	总学时	32	
理论学时	24	实验学时	0	上机学时	8
课程性质	必修	是否专业核心课程	否	建议修读学期	3
课程类别	自主项目课程	教学对象	土木工程专业本科生	

2）课程目标及学生应达到的能力

（1）毕业要求及课程考核指标点

① 能运用程序设计和工程图学基础知识，具备表达土木工程的基本能力。（权重 0.5）

② 能够熟练使用土木工程专业相关的文献检索工具和数据库，掌握相关制图软件，具有较强的计算机及信息技术应用技能。（权重 0.4）

（2）课程目标

① 了解 BIM 软件和硬件系统及其主要组成。

② 掌握软件安装和调试的技术以及能对软件的运行进行最基本的维护。

③ 熟悉 BIM 的基本绘图指令。

④ 掌握 BIM 绘制工程图的基本方法及技巧。

⑤ 掌握快速绘图的方法，并能按照案例做法熟练操作 Revit。

（3）能力要求

① 具有基本几何体与组合体建模的基本能力。

② 具有建筑构造与识图能力。

③ 具有计算机建筑三维信息建模的基础能力。

④ 具有建筑模型生成施工图的计算机表达和标准化（所打印的施工图应符合建筑制图国家标准）打印出图能力。

3）课程教学内容与学时分配

课程教学内容与学时分配如表 2.16 所示。

表 2.16　课程教学内容与学时分配

章节分布		教学内容与学时分配	教学方法及备注
第一章　标题(总学时)		BIM 应用软件简介(1 学时)	本章教学基于软件实操、板书和"超星学习通"网络教学平台
第一章　基本要求		了解相关 BIM 软件	
第一章　教学内容及学时分布	第一节	介绍 Autodesk Revit(建筑、结构、MEP)、天正 CAD(建筑、结构)、橄榄山快模、Autodesk Navisworks Manage,以及实现的功能	
第二章　标题(总学时)		BIM 工作流程与项目组织(1 学时)	本章教学基于软件实操、板书和"超星学习通"网络教学平台
第二章　基本要求		掌握 BIM 工作流程	
第二章　教学内容及学时分布	第一节	介绍 BIM 的工作流程	
	第二节	介绍 BIM 的项目组织	
第三章　标题(总学时)		Revit 软件操作界面和基本术语(5 学时)	本章教学基于 Revit 软件实操和"超星学习通"网络教学平台
第三章　基本要求		掌握 Revit 的基本操作界面	
第三章　教学内容及学时分布	第一节	Revit 软件操作界面介绍	
	第二节	项目、基本项目设置	
	第三节	图元	
	第四节	类型参数与实例参数	
	第五节	工作平面	
	第六节	图元绘制、草图模式、绘制方式	
第四章　标题(总学时)		Revit 中的基本编辑方法(2 学时)	本章教学基于 Revit 软件实操和"超星学习通"网络教学平台
第四章　基本要求		掌握 Revit 的基本编辑方法	
第四章　教学内容及学时分布	第一节	Revit 绘制图形的基本编辑方式	
	第二节	图元成组	
第五章　标题(总学时)		实体创建方法(6 学时)	本章教学基于 Revit 软件实操和"超星学习通"网络教学平台
第五章　基本要求		掌握基本的实体创建方法	
第五章　教学内容及学时分布	第一节	Revit 绘制图形的基本编辑方式	
	第二节	图元成组	

章节分布		教学内容与学时分配		教学方法及备注
第六章	标题(总学时)	标记、标注与注释(2学时)		本章教学基于Revit软件实操和"超星学习通"网络教学平台
第六章	基本要求	掌握Revit中的标记、标注与注释方法		
第六章	教学内容及学时分布	第一节	标记	
		第二节	标注	
		第三节	注释	
第七章	标题(总学时)	成果输出(3学时)		本章教学基于Revit软件实操和"超星学习通"网络教学平台
第七章	基本要求	掌握Revit中输出平立剖以及三维渲染图的方法		
第七章	教学内容及学时分布	第一节	平面图的输出	
		第二节	立面图的输出	
		第三节	剖面图的输出	
		第四节	三维渲染	
第八章	标题(总学时)	典型案例示范(12学时含上机8学时)		本章教学基于Revit软件实操和"超星学习通"网络教学平台
第八章	基本要求	掌握案例楼房的创建方法		
第八章	教学内容及学时分布	第一节	轴网、标高布置	
		第二节	基础布置	
		第三节	柱、梁布置	
		第四节	墙体布置	
		第五节	门窗布置	
		第六节	楼板布置	
		第七节	楼梯、坡道、扶手布置	
		第八节	钢筋布置	
		第九节	设备布置	
		第十节	场地布置	
		第十一节	模型应用	

4）课程教学方法

综合运用课堂讲授、网络在线教学平台应用、启发式教学、互动式教学、团队项目教学等方法。

5）课程的考核环节及课程目标达成度自评方式

（1）课程的考核环节

按照教学进度，组织一次实践性、两次综合性考核。

① 第一次：在学习第一到第五章后，以阶段测验方式完成考核内容，百分制评分。占总评成绩 20％。

② 第二次：在完成第八章学习后，根据房屋建筑 BIM 建模实操的练习，以一幢完整的公用建筑为例，提交一整套建筑信息化模型，作为实践环节的考核。占总评成绩 20％。

③ 第三次：综合前面的基础理论、基础知识、上机实训三个组成部分，以期末考试的形式采用百分制开卷考核。占总评成绩 60％。期末成绩采用相对评分法。

（2）课程目标达成度评价方式

收集日常、期中和期末教学运行情况和成果数据。平时考核、期中考核及期末开卷考试采取百分制评分法，量化评价结果作为教师评价能力达成的基础数据。BIM 技术基础能力达成调查问卷采取定量分析方法进行量化，量化评价结果作为学生评价能力达成的基础数据。对基础数据采用聚类分析等统计方法进行综合分析以确定本课程目标达成度。

6）本课程与其他课程的联系与分工

本课程侧重利用先修课程——土木工程图学及 BIM 课程的理论知识和上机实操的能力，结合房屋建筑构造设计的特点，重点解决土木工程类学生计算机信息化模型处理能力的培养问题。本课程为自主项目课程，需要土木工程图学及 BIM 课程的基础，同时需要计算机几何造型的基础知识和基本操作技能。本课程是后续所有土木工程专业课程的课程设计、毕业设计等实践环节的重要基础。该课程的掌握程度直接影响到所有土木工程课程的实践环节学习的质量。

7）建议教材及教学参考书

《BIM 技术及应用》，刘荣桂、周佶，中国建筑工业出版，2017 年

《AutoCAD 建筑工程制图》，周佶，知识产权出版社，2009 年

《土木工程制图》，周佶、杨为邦，知识产权出版社，2012 年

《土木工程制图习题集》，周佶、尹述平，知识产权出版社，2012 年

Eastman C，Teicholz P，Sacks R，Liston K. BIM Handbook：A Guide to Building Information Modeling for Owners，Managers，Designers，Engineers and Contractors. 2nd edition. Wiley，2011

2.10 本科课程教学大纲 10: 工程建设信息管理（研讨）

◎ 东南大学

课程名称：工程建设信息管理(研讨)。

英文名称：Construction Information Management (Seminar)。

学分/总学时：3/32＋16。

讲课学时：32；研讨学时：16；实验学时：0；上机学时：0；课外学时：0。

课程类别：专业基础课。

开课学期：二(3)。

适用对象：工程管理专业二年级。

先修课程：工程识图，工程管理概论。

后续课程：工程项目管理、合同管理、造价管理等。

课程负责人：徐照。

1）课程目标

工程管理专业信息技术类课程的传统教学模式往往较为注重信息系统管理知识的介绍和基础软件操作，造成了信息技术类知识体系在不同课程群之间的分裂性，学生难以形成结构化、模块化的本专业信息技术能力和素质。根据东南大学工程管理专业"一体两翼"核心能力的培养要求，工程管理专业课程可以划分为由多学科教学团队组成的 4 个模块化知识集成课程群，即工程技术基础课程群、工程项目管理类课程群、工程造价管理类课程群和工程合同管理类课程群。因此提高学生的专业核心能力、增强以BIM 技术为代表的信息类技术实践，对于工程管理专业本科学生的培养具有重要意义。

本课程的构建是要在"一体两翼"型工程管理专业核心能力培养目标的基础上，介绍建筑领域信息技术发展的前沿问题与案例讨论，引入实际工程 BIM 方案设计与实践操作，形成适应建筑领域信息化发展需求的 BIM课程平台。

具体为：

学习了解 BIM 技术基本理论和工程大数据管理的全过程内容，识别、表达和分析工程建设全过程中的信息管理问题。

学习了解工程信息化技术、计算机视觉技术、工程测绘技术在国际上的发展趋势与技术发展方向，使学生具有宽广的国际视野以及国际工程交流的基本能力。

掌握 BIM 软件建模的基本方法，重点掌握 Revit 建筑建模、结构建模、绿色性能评价计算等相关内容；掌握几种基本工程施工进度管理软件如Navisworks；了解并掌握 BIM 模型渲染的基本过程与方法。

学习、掌握点云技术、图像建模技术、无人机测绘技术的理论，培养学生操作手持式点云扫描设备、立式扫描仪、无人机等设备的基本能力，培养团队协调能力以及团队合作能力。

2）课程目标与教学内容和教学环节对应关系

课程目标与教学内容和教学环节对应关系如表 2.17 所示。

表 2.17 课程目标与教学内容和教学环节对应关系表

序号	课程目标	教学内容	课堂教学	作业	研讨	实验	上机
1	可视化技术发展与基础计算机语言	了解计算机可视化技术的概念和发展历史。初步了解 JAVA、JSON 等语言代码编写过程、使用对象和使用方法。熟悉数据空间、数据开发、数据分析、数据可视化的应用流程。初步掌握建筑领域数据可视化的几种典型应用软件	+				
2	BIM 建筑信息模型技术	初步了解 BIM 发展现状与前景，对 Revit 软件的制图流程及基本命令有基本认识。掌握 Revit 软件的功能使用，独立完成设计	+				
3	GIS 地理信息系统与定位技术	使学生掌握地理信息系统的基本概念、空间数据的采集、处理与组织、GIS 空间分析以及 GIS 服务的基本原理与方法。通过课程组织实验教学，提升 GIS 软件的操作技能，特别是构建基于 GIS 的地学思维与地学语言表达思维。为后续的工程项目定位与选址能力培养奠定基础	+		+		
4	BIM 与装配式建筑建设管理	装配式建筑建设管理与信息集成；装配式建筑全生命周期信息管理，小组研讨基于 BIM 技术的装配式建筑信息管理的价值提升	+		+		
5	可量测实景影像三维及其在工程建设管理中的应用	可量测实景影像三维概念特征、关键技术、应用模式	+		+		

序号	课程目标	教学内容	教学环节				
			课堂教学	作业	研讨	实验	上机
6	无人机测飞与数据处理实验；激光点云扫描采集与数据处理实验	完成校内一栋建筑的无人机测飞实验，获取建筑倾斜摄影模型和地形模型。学习使用倾斜摄影模型处理软件 Context Capture；完成校内一栋建筑的激光点云扫描实验，获取建筑的点云模型，学习使用点云模型处理软件 Cloud Compare	+		+		
7	项目管理与 VR 仿真	熟悉传统二维设计方案转化为直观的三维可视化模型的流程。在施工方面，了解利用 VR 仿真验证施工流程的可行性、优化项目施工方案、规避项目风险、控制项目成本的过程；在评估方面，了解利用 VR 软件为主管部门评审决策提供依据，为不同专业背景人员之间提供协助合作	+		+		
8	3D 打印模型构件与数据处理实验	完成 LEGO 概念模型实际搭建，同时根据小组 BIM 模型，提取其中一个构件，完成 3D 打印	+		+		
9	课程设计小组汇报/个人汇报	每个小组不超过 5 人，共 10 组进行汇报，汇报内容包括 LEGO 概念模型搭建、BIM 模型建模、无人机测绘模型、点云模型、3D 打印模型的实验过程和相关问题	+		+		

3）课程内容

（1）课堂教学

① 可视化技术发展与基础计算机语言。（支撑课程目标 1、2）

② BIM 建筑信息模型技术。（支撑课程目标 1、2）

③ GIS 地理信息系统与定位技术。（支撑课程目标 1、2）

④ BIM 与装配式建筑建设管理。（支撑课程目标 3、4）

⑤ 可量测实景影像三维及其在工程建设管理中的应用。（支撑课程目标 3、4）

⑥ 无人机测飞与数据处理实验；激光点云扫描采集与数据处理实验。（支撑课程目标 3、4）

⑦ 项目管理与 VR 仿真。（支撑课程目标 3、4）

⑧ 3D 打印模型构件与数据处理实验。（支撑课程目标 3、4）

⑨ 课程设计小组汇报/个人汇报。（支撑课程目标 4）

（2）研讨环节

根据《管理学创新实践训练活动指导手册》开展活动，对 BIM 技术基本理论、装配式建筑、新型信息化技术等分段进行研讨，让学生通过案例讨论对工程信息化管理理论与技术有较深刻的理解与思考，并组队开展特定信息化案例的技术讨论实践活动。过程中要求学生完成一个基本的建筑模型构建，分组在研讨课上和实践活动中交流与体现。

4）教学安排

本课程为课堂理论教学加研讨课程，围绕工程信息化管理的 BIM 建模、技术流程、案例实践进行授课。

建议学时分配如表 2.18 所示。

表 2.18　学时分配

序号	教学内容	课堂教学	研讨	实验	上机	总计
1	可视化技术发展与基础计算机语言	4	2	0	0	6
2	BIM 建筑信息模型技术	4	1	0	0	5
3	GIS 地理信息系统与定位技术	4	1	0	0	5
4	BIM 与装配式建筑建设管理	4	2	0	0	6
5	可量测实景影像三维及其在工程建设管理中的应用	4	2	0	0	6
6	无人机测飞与数据处理实验；激光点云扫描采集与数据处理实验	4	2	0	0	6

序号	教学内容	课堂教学	研讨	实验	上机	总计
7	项目管理与 VR 仿真	4	2	0	0	6
8	3D 打印模型构件与数据处理实验	2	2	0	0	4
9	课程设计小组汇报/个人汇报	2	2	0	0	4
	合计	32	16	0	0	48

5) 教学方法

课程教学以课堂教学、课外研读、课堂讨论以及课外创新实践等共同组成。

课堂授课将充分利用 BIM 软件、扫描测绘设备、自有编写出版的辅导材料，采用多媒体教学和现场板书相结合的方式。

选择合适的案例场景，让同学们展开外业操作，分组操作无人机、扫描仪等设备。

在课堂讨论中开展工程项目信息化发展趋势的讨论，调动学生学习积极性，提高教学效率。

充分利用网络交流实时性强的优点，鼓励学生自学课程配套的 MOOC，提高教学效率。

注重在教与学过程中采用多种形式综合考核。

6) 课程考核与成绩评定

课程的考核为综合考核，包括平时成绩、课程创新实践报告、读书心得报告、期末考试成绩和个人人生规划五部分。

成绩评定方式如表 2.19 所示。

表 2.19　成绩评定方式

考核环节	分值	考核/评价细则
平时成绩	10	以总评成绩的 10% 计入课程总成绩，包括 5% 课堂测试，主要考核 MOOC 每章节的练习题
期末考试：课程实践报告	70	以总评成绩的 70% 计入课程总成绩，主要考核学生整体应用新技术解决工程信息化问题的能力
个人课程论文	20	以总评成绩的 20% 计入课程总成绩，主要考核学生对于新技术新发展的掌握能力

课程目标与课程考核环节关系如表 2.20 所示。

表 2.20　课程目标与课程考核环节关系

序号	课程目标	考核环节			合计
		平时成绩 10%	期末考试 70%	个人课程论文 20%	
1	学习了解 BIM 技术基本理论和工程大数据管理的全过程内容，识别、表达和分析工程建设全过程中的信息管理问题	20%	20%	—	16
2	学习了解工程信息化技术、计算机视觉技术、工程测绘技术在国际上的发展趋势与技术发展方向，使学生具有宽广的国际视野以及国际工程交流的基本能力	20%	20%	—	16
3	掌握 BIM 软件建模的基本方法，重点掌握 Revit 建筑建模、结构建模、绿色性能评价计算等相关内容；掌握几种基本工程施工进度管理软件如 Navisworks；了解并掌握 BIM 模型渲染的基本过程与方法	20%	—	60%	14
4	学习、掌握点云技术、图像建模技术、无人机测绘技术的理论，培养学生操作手持式点云扫描设备、立式扫描仪、无人机等设备的基本能力，培养团队协调能力以及团队合作能力	20%	20%	40%	24

续表

序号	课程目标	考核环节			合计
		平时成绩 10%	期末考试 70%	个人课程论文 20%	
5	能够将工程问题与新兴信息化技术如区块链、物联网感知、人工智能算法相结合，形成解决工程管理算法、算据、算力的能力	20%	40%	—	30
总计		100%	100%	100%	100

7）课程教材与主要参考书

（1）教材

《BIM 技术理论与实践》，徐照、李启明，机械工业出版社，2020 年

（2）参考书

《工程管理信息系统》，陆彦，中国建筑工业出版社，2010 年

Brad Hardin，Dave McCool. BIM and Construction Management：Proven Tools，Methods，and Workflows. Wiley，2015

Eastman C，Teicholz P，Sacks R，Liston K. BIM Handbook：A Guide to Building Information Modeling for Owners，Managers，Designers，Engineers and Contractors. 2nd edition. Wiley，2011

Autodesk 各类 BIM 软件教程作为扩充阅读材料。

2.11　研究生课程教学大纲：建筑信息模型（BIM）理论与实践

◎ 清华大学

1）课程基本情况

课程基本情况如表 2.21 所示。

表 2.21　课程基本情况

课程号	—		课程代号	—	开课单位	土木工程系
课程名称	中文名称		建筑信息模型(BIM)理论与实践			
	英文名称		Theory and Practice of Building Information Modeling			
教学目标	结合工程管理硕士培养目标，让学生了解建筑信息模型的基本理论、方法和国内外政策趋势，认识建筑信息模型对管理模式、工作方式的影响及变革，掌握建筑信息模型的典型软件、工具与应用范式，培养学生利用建筑信息模型理论与技术升级工作与管理模式、系统思考并解决问题的能力					
预期学习成效	了解建筑信息模型的基本理论、方法和现状，掌握常用建筑信息模型软件、工具与应用范式，能够将之融入日常工作与管理过程					

续表

课程负责人	—				
课程团队	—				
学分学时	学分	2	总学时（教学学时＋实践学时）	32	学时安排 <u>19/7/6</u>（讲授/研讨/实践）
课程分类	专业学位课				
课程类型（单选）	工程管理硕士课程				
授课语种	中文				
课程特色（多选）	讲授与实践相结合				
考核方式	□考试　　　　　　☑考查				
教材及参考书	教材	无			
	主要参考书	(1) Eastman C，Teicholz P，Sacks R，Liston K. BIM Handbook：A Guide to Building Information Modeling for Owners，Managers，Designers，Engineers and Contractors. John Wiley & Sons，2011 (2) 何关培，王轶群，应宇垦. BIM 总论. 北京：中国建筑工业出版社，2011 (3) 柏慕进业，Autodesk Inc. Autodesk Revit 官方标准教程系列. 北京：电子工业出版社，2017			
先修要求	工程制图、工程项目管理(或具有同等学力)				
适用院系及专业	工程管理硕士(MEM)，建设管理方向优先				
申报依据	建筑信息模型是建筑业信息化领域的一项非常重要的新技术，被誉为继计算机辅助设计(CAD)之后的建筑业第二次信息化革命，将引发整个 A/E/C(Architecture/Engineering/Construction)领域工作方法、管理范式与决策方式的深层次变革，当前国内外均在大规模推广与应用 BIM 技术，将 BIM 与管理、决策过程相融合并实现效率提升是当前工程人员面临的迫切问题。本课对学生掌握有关知识，认识 BIM 对管理过程的影响和变革并将之付诸实践具有重要意义				
成绩评定标准	作业 30%＋课题表现 10%＋项目 60%				

2）课程内容简介

课程内容简介如表 2.22 所示。

表 2.22 课程内容简介

"建筑信息模型"译自 Building Information Model 或 Building Information Modeling，简称 BIM，是建筑业信息化领域的一项非常重要的新技术，被誉为继计算机辅助设计（CAD）之后的建筑业第二次信息化革命，将引发整个 A/E/C（Architecture/Engineering/Construction）领域工作方法、管理范式与决策方式的深层次变革。

本课程面向具有土木、工程管理等背景的工程管理硕士（MEM），系统地介绍 BIM 的基本概念、原理、价值、政策与行业发展趋势，并结合建筑设计、施工与运维全生命期 BIM 应用案例，介绍、分析工程 BIM 的应用实施方案。课程同时选择规划设计、施工及运维阶段的典型场景介绍 BIM 应用模式与实践方法，具体包括参数化设计、多专业协同、算量计价、虚拟施工、决策支持等内容，并结合具体软件和典型案例组织学生进行实操演练。最后，课程将介绍 BIM 与其他先进信息技术融合背景下的企业信息化发展与应对措施。通过本课程的学习，让学生了解 BIM 技术的产生背景、思想，掌握利用 BIM 软件进行工程实践与管理模式升级的基本方法、思路，能够利用 BIM 等信息技术推动行业转型升级，适应未来建筑行业信息化、智能化发展的趋势。

教学日历如表 2.23 所示。

表 2.23 教学日历

序号	主要内容	课时安排
1	课程绪论：主要介绍行业背景、课程必要性、课程安排、学习方法及考核方式，同时了解学生专业背景等学生情况	讲授 2 学时
2	BIM 的概念与原理：结合行业发展分析 BIM 产生的背景与必然性，介绍 BIM 的定义、特征、价值及对工作方式的影响	讲授 2 学时
3	BIM 的标准与政策：介绍 BIM 的基本标准体系及其构成，分析国内外 BIM 政策的发展现状与演进趋势	讲授 2 学时
4	建筑全生命期 BIM 应用：结合建筑全生命期设计、施工、运维各阶段，介绍典型 BIM 应用案例，分析研讨其对管理模式的影响和变革	讲授 1 学时＋研讨 1 学时
5	工程 BIM 应用实施方案：介绍常见 BIM 软件特点、适用场景以及工程项目乃至企业的 BIM 实施方案	讲授 1 学时＋研讨 1 学时
6	规划阶段 BIM 应用及实践：结合规划阶段工程项目需求，分析并展示如何引入 BIM 应用解决工程问题	讲授 1 学时＋研讨 1 学时

续表

序号	主要内容	课时安排
7	设计阶段 BIM 应用及实践 1：介绍参数化设计、设计协同、算量计价、碰撞监测、设计深化等的基本思路、方法	讲授 2 学时
8	设计阶段 BIM 应用及实践 2：对参数化设计、碰撞检测、可视化方案展示有关内容进行实操演练	实践 2 学时
9	施工阶段 BIM 应用及实践 1：介绍施工交底、进度管理、场地布置、质量安全管理等施工场景的 BIM 应用思路、方法	讲授 2 学时
10	施工阶段 BIM 应用及实践 2：对进度模拟、施工交底、可视化场布等 BIM 应用进行实操演练	实践 2 学时
11	施工阶段 BIM 应用及实践 3：介绍智慧工地（无人机、物联网感知）+BIM 的工程实践创新及趋势，同时研讨项目展示情况	讲授 1 学时＋研讨 1 学时
12	运维阶段 BIM 应用及实践 1：介绍运维管理难点及 BIM 带来的价值提升，并简介空间管理的 BIM 应用	讲授 1 学时＋研讨 1 学时
13	运维阶段 BIM 应用及实践 2：介绍运维期设备维护维修、能耗管理、应急演练等 BIM 应用与实践方法	讲授 1 学时＋研讨 1 学时
14	BIM＋驱动企业信息化转型：结合 BIM 等先进信息技术发展与我国行业政策导向，从人才、企业战略等方面分析企业和个人如何积极应对行业变革	讲授 2 学时
15	项目分组展示报告及提问交流，每组 30 分钟	实践 2 学时
16	项目分组展示报告及提问交流，每组 30 分钟；课程总结	讲授 1 学时＋研讨 1 学时

3

课程设计、课程作业与学生竞赛

3.1　课程设计和课程作业

3.1.1　学生作品1：
基于 Ecotect 及 PHOENICS
对建筑室内环境优化

课程名称：工程管理信息化技术与应用
作品类型：课程设计
报告名称：基于 Ecotect 及 PHOENICS
　　　　　对建筑室内环境优化
来源学校：深圳大学

1）项目背景说明

　　建筑节能改造一直都是国外建筑行业的热点，自 1973 年能源危机后，发达国家就开始了既有建筑的改造。北欧、中欧在 20 世纪中期完成了节能改造，西欧、北美仍在持续进行既有建筑节能改造。我国既有建筑节能改造也正在进行中。随着经济的发展和生活水平的提高，人们对于室内舒适度的要求不断提高，从根本上讲人对生活有健康舒适的要求，而满足这些要求就需要消耗能量。因此，将室内舒适度与建筑节能结合起来，以舒适度为前提，节能为目的，通过采取合理的节能改造方案来同时满足节能和舒适度的需求是必须的。

同时，得益于信息技术迅速发展，建筑行业能通过 Ecotect、PHOE-NICS 等专业的软件来对既有建筑的风环境、热环境、光环境等做出分析。通过这些专业软件，行业人员可以得到可视化的分析结果，进而利用全面、科学的分析结果，对既有建筑设计方案改造并优化，最后在具体的项目中得以实施。而随着信息技术在建筑行业中不断发展，未来人们可以通过更简便的方式来对既有建筑进行科学合理的改造，从而满足自己在家中生活的舒适度。

本文将通过一些简易入手的专业软件，对既有建筑进行室内环境分析，再根据可持续建筑课程中的一些知识对其提出改造建议。

2）项目意义

（1）提高人的居住舒适度

当今社会，人们对建筑的需求已经不仅仅是提供温暖的庇护场所，对其舒适度的需求也愈发受到重视。舒适度是人们论及住宅性能时出现频率最高的术语，指的是住宅的适用性能，舒适度是适用性能的量化表达。对于住宅舒适度的理解和认同也是随着住宅建设的发展和人们居住体验的认知水平的不断提高而走向成熟。利用 Ecotect 和 PHOENICS 对建筑的风、声、热、光等环境进行分析，为人们合理改造提供依据，进而提高人的居住舒适度。

（2）降低重复装修带来的成本

如果装修后人们对建筑改造的成果，即舒适度的提高不满意，则会引起重复装修，其中就存在很多的问题，例如固构件拆除带来的建筑废料处理耗费人力物力，对建筑承重结构带来的影响，装修对周遭环境的持续影响等。而通过事前对室内环境进行科学的分析，优化改造方案并试错，则可以很大程度上减少重复装修带来的社会性、经济性成本。

3）项目整体方案

如图 3.1 所示，首先，我们会先利用 Revit 对建筑室内环境做一个简单的三维模型，尽量使模型与实际状况相符合。然后，我们再将建好的模型从 Revit 导入到 Ecotect 及 PHOENICS 中，并为模型的各个构件分类及确认材质，为后续的环境分析做准备。接着，我们可以利用 Ecotect 及 PHOENICS 中各种计算工具对其室内环境进行分析。最后，通过利用在可持续建筑课程中学习到的知识点，我们会把上述结果分类进行问题分析，进而给出室内改造建议，以便提升居住者的居住舒适度。

图 3.1　项目整体方案

4）项目具体实施过程

（1）选取具体改造目标，并通过 Revit 建模

既然本次我们的主题是利用信息技术对既有建筑进行改造建议，那么就需要找到一个尽量符合条件的"老建筑"来作案例。我们小组有幸获得了一家装修公司提供的实际案例，该户位于广州市荔湾区内某小区，该户位于 4 楼，坐南向北，主体建筑于 1998 年建成，目前也正准备装修。那么我们就通过该案例来做分析，并给出相应的改造方案。

得到具体改造目标后，我们就可以开始使用 Revit 来进行建模了。首先，我们要先建立轴网。然后，绘制外墙和内墙。接着，安置窗户和门，而由于内置窗户缺乏实际对应的构件，我们可以通过载入外部的族来实现。最后，可以通过放置一些家具和浴具来使建筑内部更加丰富，同时室内按面积和体积划分为各个房间区域，便于后续模型从 Revit 中导出。建模成果如图 3.2 所示。

（2）模型的导出及导入

通过设置一些简单的参数，我们就可以将 Revit 中建好的模型导出为

gbXML 格式，以便后面使用。接着，我们就可以转向 Ecotect，对模型进行导入了。但是，这里就有一段小插曲了。由于我们使用的是 Revit 2016 来进行模型的建立，但是 Autodesk 公司于 2011 年就结束了对 Ecotect 的开发，并在后续的时间内将环境分析等功能集成到线上。那么这里就出现软件版本问题，可能会导致导出及导入的文件出现不兼容的问题。

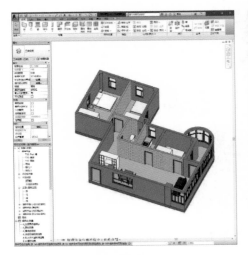

图 3.2　Revit 建模

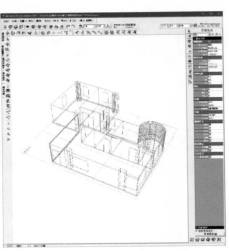

图 3.3　模型无法识别

我们一开始将从 Revit 2016 导出的 gbXML 文件导进 Ecotect 时，就会出现无法识别模型的情况，如图 3.3 所示。我们小组最初采用的方式是，将 Revit 中的模型以 DXF 格式导出，再导入到 Ecotect 中。但是这又会衍生出另外一个问题，就是即使我们采用合成共面三角形的方式去尽量消除模型中线、面数量太多的情况，但在后续的分析中仍需要额外花费巨额时间（在热环境分析中，1 小时大约只分析了 15% 的进度），这对于后续的工作十分不利。后面，我们小组也曾尝试使用较低版本的 Revit 重新建模，但也徒劳无功（由于较低版本的 Revit 资源在网络上不好找，我们只使用了 2012—2014 的，但也无效）。在模型导入问题的最后，我们通过各方咨询，终于得到了完美的解决方案。由于 Revit 2014 后续的版本，导出 gbXML 格式时采用的编码方式是 UTF-16BE，而 Ecotect 进行 gbXML 格式导入时，默认的编码方式是 UTF-8。因此,我们只需要简单地通过将原先导出的 gbXML 模型文件另存为 UTF-8 编码的文件即可。

将修改好后的 gbXML 模型导入 Ecotect 中,就可以得到如图 3.4 所示的简易模型了。但是我们仍需要对墙体、窗、门、天花板等构件进行分类,并赋予相对应的材质,同时对室内环境的区域进行一定的设置,为后续的分析工作做准备。

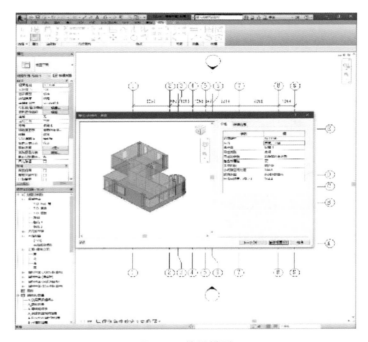

图 3.4 简易模型

(3) 基于 Ecotect 对室内环境分析及建议

① 热环境分析及建议

在进行热环境分析的时候,我们设置了自然通风系统,人员设置为 3 人静坐的状态,时间设置为夏至日。通过 Ecotect 的热环境分析,我们得到模型的下列得热数据可视化图。通风得热如图 3.5 所示,间接太阳得热如图 3.6 所示,直接太阳得热如图 3.7 所示,全年不舒适度如图 3.8 所示。

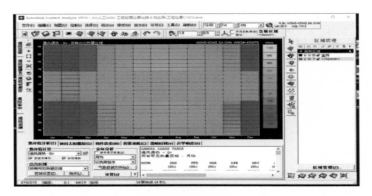

图 3.5　通风得热

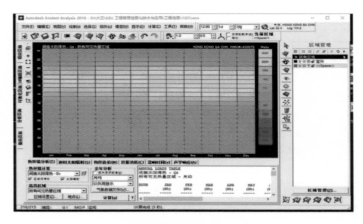

图 3.6　间接太阳得热

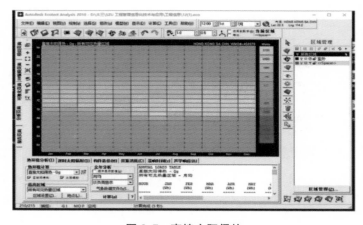

图 3.7　直接太阳得热

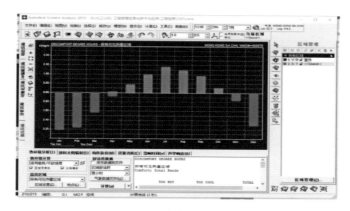

图 3.8 全年不舒适度

通过以上四幅图的数据分析，我们得出下面两个结论：

结论一：该建筑在夏天时间由于太阳得热（直接和间接）过大，加之通风得热不能有效降低温度，导致在夏天的时间内室内普遍处于过热的状态；

结论二：该建筑在冬天时间时，由于通风得热带走过多的热量，太阳得热（直接和间接）由于季节原因不够，导致建筑在冬天的时间内处于过于寒冷状态。

现在提出改进方案：

采取可调整式外部遮阳，夏天由于过多的日光射入室内导致温度过高，采取有效的遮阳手段能够帮助调节室内温度；同时在冬天的时候，外部遮阳系统能够在一定程度上缓解通风失热情况。如图 3.9 所示为例。

图 3.9 可调整式外部遮阳

但是，由于处于室外，遮阳设备有可能因为风吹雨打等天气原因造成损坏，故应选择耐久性强、防腐蚀、抗潮湿的材料，同时应注重构件的保养。

② 光环境分析及建议

在进行光环境分析时，我们采用 CIE 全阴天模型计算室内自然采光系数。光线追踪精度选取 4 096 点/半球，天空照度 11 500 lx。该模型中窗户为单层玻璃窗，洁净度设置为一般，即 90。

通过 Ecotect 软件进行分析，我们得到室内采光系数分析数据如下：

如图 3.10 所示，我们可以清楚地看到室内采光分布不均匀，靠近窗户的地方采光充足，室内采光则不够。而通过了解双层玻璃的折射率比单层玻璃高，光线会因此向室内分散，可能会提高室内的采光，因此将模型中的单层玻璃改成双层玻璃，使用 Ecotect 进行分析，分析结果如下：

通过对比我们发现，使用单层玻璃和双层玻璃，对室内采光的影响十分微小，因此不采用该方案，而通过之前可持续建设的课程学习了解到，给窗户加上挡光板，对室内采光有很大的提升，如图 3.11 所示。

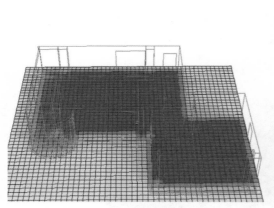

图 3.10　光环境分析

图 3.11　挡光板对室内采光的提升

我们将它称为引导式系统，该系统可以间接引导自然光线进入距窗户较远的区域，一般使用挡光板等对光线具有较强的反射作用的材料。通过这种方式，不仅可以将光线引导进室内，提高室内的采光，而且可以通过反射，间接降低窗户旁边的强光照射，一举两得。

③ 风环境分析及建议

由于 Ecotect 对建筑的室内风环境的分析较为缺少，我们小组决定采用 PHOENICS 来对建筑的室内风环境进行分析，如图 3.12 所示。首先，需要将 Revit 中建好的模型导入到 PHOENICS 中去。但是，由于目前 Revit 不支持 STL 格式的直接导出，因此要先将 Revit 中的模型导出为 dwg 格式，再利用 AutoCAD 导出为 STL 格式，最后在 PHOENICS 中打开（图 3.13），

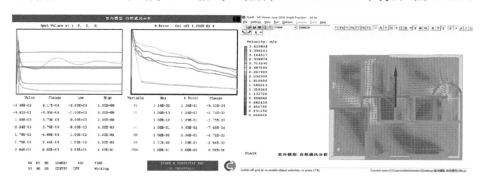

图 3.12　室内风环境分析

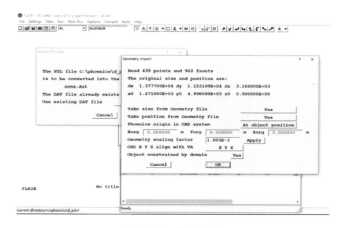

图 3.13　模型导入

在导入设置中要注意在 Revit 中采用的单位为 mm，而 PHOENICS 中采用的单位为 m，需要对单位进行转换。自然通风分析模型如图 3.14 所示。

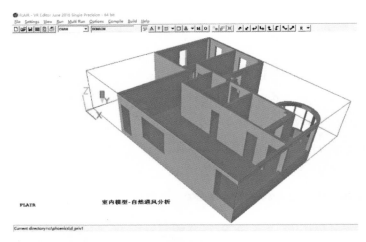

图 3.14 自然通风分析模型

然后，我们可以从广州市气象网中得到广州市夏季 7 月份的平均气温为 28.4 ℃，平均风速为 2 m/s，主导风向为东南风。如图 3.15 所示，通过在 PHOENICS 中建立风的模型，按照上述数据进行设置，即可进行下一步建筑室内自然通风的分析。

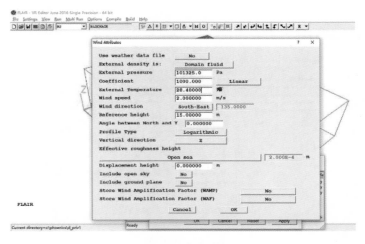

图 3.15 数据设置

通过对室内自然通风的分析，我们可以看出从室外进来的气流冲击力较强，造成室内气流场分布不均匀，室内风速也小，室内通风换气次数仅为 10 次/小时，导致室内几乎感觉不到风，对人们的居住舒适感带来不好的影响。

我们从可持续建筑课程中了解到，虽然自然通风作为被动式通风效果是最好的，既能提供新鲜的空气，又能减少能源的消耗。但是该建筑位于城市内较繁华区域，同时广州位于亚热带地区，就必须采取主动式通风才能更好地满足人们的居住舒适度要求。我们通过在建筑的房间 1 和房间 2 分别添加一台风速为 5 m/s 的风机，来改善建筑室内的风环境。加装了风机后，室内风速相对增加，且室内的气流场较之前更为均匀，更重要的是室内通风换气次数上升到了 21 次/小时，这使得整个建筑内的风环境得到了提升，人们的居住舒适度得到提高。但是，在现实中选取安装的风机时，也要注意其带来的噪声、对空气的过滤效果等其他问题。

5）项目总结及讨论

（1）项目总结

由于在上述实施过程中，我们已经将项目成果叙述了一次，这里将做出本项目的总结。通过使用 Revit、Ecotect 及 PHOENICS 等专业软件，我们小组对广州市荔湾区某小区内建筑户型作出了热环境、光环境、风环境等分析并给出了改造建议，对应的是：（热）为建筑外围增设可调整式外部遮阳，夏天调节室内温度，冬天抵御通风失热；（光）通过在窗户上添加挡板，从而为室内增设自然光引导系统，使自然光能够引导进室内，同时降低窗户旁的强光照射；（风）通过增设新风机，使室内气流场更为均为，室内通风换气次数上升，风环境得以改善等。从而提升人们的居住舒适度。

（2）项目讨论

通过本次项目，我们感受到了建筑行业内信息技术发展的重要性，它为人们改造建筑提供了科学、全面的分析，同时通过虚拟运行为实际情况试错，降低了时间、经济成本。但是，我们小组也在实践中感受到，如果信息技术在建筑行业内没有设立统一的标准，每家公司都以个体经济利润最大化为目标，设立自己的软件标准，那么各种软件不兼容的问题就会出现，整个行业的发展也会因此停滞。因此，对于整体而言，建立起统一的信息技术平台尤其重要，这关系到建筑行业内信息技术发展的再次爆发。

3.1.2 学生作品 2：浙江财经大学文华校区施工项目 BIM 策划书

课程名称：工程管理信息化技术与应用
作品类型：课程作业
报告名称：浙江财经大学文华校区施工项目 BIM 策划书
来源学校：浙江财经大学

1）编制依据及说明

（1）编制说明

在近期，BIM 技术在国内发展良好，关于 BIM 的技术基准、规范也在行业中不断提高与完善，本项目组对于 BIM 的应用有了更加全面的认识，有关 BIM 技术的应用推广已经逐步展开。在详细研究了浙江财经大学文华校区施工项目的设计方案与周边环境之后，我们认为 BIM 技术于该项目的顺利实施有重要意义。如果可以应用 BIM 技术辅助，将对缩短项目工期、减少项目成本起到巨大的作用，还有利于建设智慧建筑与绿色建筑。本项目组将在项目开始前，设计建立 BIM 模型，由此在后续的管理工作中借助该模型，对项目实施全面的管理。

（2）编制依据

①《建筑工程施工质量验收统一标准》；

②《绿色建筑评价标准》；

③《建筑工程绿色施工规范》；

④《建设工程项目管理规范》；

⑤《建筑信息模型施工应用标准》；

⑥《浙江省建筑信息模型（BIM）技术应用导则》；

⑦《建筑信息模型施工应用标准》；

⑧《建筑信息模型分类和编码标准》；

⑨《建筑信息模型应用统一标准》；

⑩《建筑信息模型设计交付标准》。

（3）应用范围

本施工组织设计适用于施工图中所规定的范围：

① 土建工程；

② 给排水工程；

③ 安装工程；

④ 消防工程；

⑤ 强弱电工程；

⑥ 节能工程。

2）项目概况

（1）项目概述

① 工程名称：浙江财经大学文华校区改扩建工程总体规划及一期综合楼工程设计。

② 项目名称：一期综合楼。

③ 建设单位：浙江财经大学。

④ 建设地点：杭州市西湖区文一西路和益乐路交叉口。

⑤ 用地面积：57 307 m²（校区总用地面积）。

⑥ 建筑面积：67 234 m²；其中：地上 44 758 m²；地下 22 476 m²。

⑦ 建筑层数：地上 18 层；地下 2 层。

⑧ 建筑高度：79.41 m（室外设计地面到其建筑最高点的高度）。

⑨ 人防地下室：人防地下室的抗力级别为核 6 级常 6 级，防化等级为丙级（除人防柴油电站的发电机房），战时用途为二等人员掩蔽所，平时用途为汽车库。

⑩ 建筑结构形式：建筑结构形式为框架剪力墙结构。建筑结构安全等级：二级，设计使用年限为 50 年，抗震设防烈度为 7 度，设计基本地震加速度值为 $0.15g$。

⑪ 防火设计：防火设计的建筑分类为一类高层民用建筑；耐火等级为地上一级，地下一级。

⑫ 停车数量：停车数量及其他设计指标详见总平面图。

（2）环境条件

① 地形条件：以平原和低矮丘陵为主，地势比较平坦。

② 气候条件：属于亚热带季风气候，夏季高温多雨，冬季低温少雨；6月上旬至 7 月上旬为梅雨季节；夏秋交际多台风。

③ 地质条件：粉砂土为主，地下水位高。

④ 道路条件：周边道路狭窄，文一西路正进行隧道工程施工。

（3）工程特殊要求

① 防火要求

a）本项目由 2 个高层通过 4 层的裙房相连组成。高层 A 做地上 18 层，高层 B 做地上 9 层。地块内建筑物的间距、消防道路、消防回车场的设置均符合防火规范要求。具体详见总平面及单体施工图。本项目在高层 A 一层设消防监控中心，在高层 A 屋顶设消防水箱，在地下室二层设消防水池和消防泵房，满足防火规范要求。

b）消防分类：本项目为一类高层建筑，建筑耐火等级地上为一级，地下为一级。

c）防火分区之间设置防火墙，采用页岩多孔砖（地下室）或蒸汽砂加气（地上）材料砌筑，双面粉刷，砌筑至板底，防火卷帘采用包括背火面升温作耐火极限判定条件的特级防火卷帘，编号为 FMJL，门通道处设甲级防火门，编号为 FM 甲。防火墙应直接设置在承重结构上，承重结构厚度不小于 120 mm，面层不小于 50 mm，耐火极限不小于 3.00 h。

d）位于建筑内的隔墙应从楼地面基层砌至楼板底部，不能留存缝隙。建筑的承重构件上应安装防火卷帘，卷帘上部如果不到顶，上部空间的防火材料应封闭，防火卷帘应采用包括背火面温升作耐火极限判定条件的复合防火卷帘，其耐火极限不低于 3.00 h。

e）特殊部位防火门：消防电梯机房门采用甲级防火门。厨房采用乙级防火门，编号为 FM 乙。

f）防火门应为平开门，能向疏散方向开启，并能手动开启。如有疏散用的平开防火门（防火墙和公共走廊），应设闭门器。如果是双扇和多扇防火门，还应具备按顺序封闭的能力（安设闭门器和顺位器）。如果是常开的防火门，一旦发生火灾，应具备信号控制关闭和信号反馈的功能。

g）各类防火门、防火卷帘、防火器必须是经消防认可的产品。景观设计及二次装修设计不得擅自变动防火设计。

h）门厅处玻璃幕墙的玻璃选用安全玻璃。紧靠防火分区两侧的幕墙玻璃应选用防火玻璃，耐火极限大于 1.00 h，水平距离不小于 2 m。

i）所有防火分区均按规范划分防烟分区，有吊顶及无梁楼盖处的挡烟垂壁做法，待与精装修及设备安装单位另行商定。

j）电梯层门的耐火极限不应低于 1.00 h，并应符合现行国家标准《电梯层门耐火试验完整性、隔热性和热通量测定法》规定的完整性和隔热性要求。

k）钢结构及有关金属构件外露部分，务必加设防火保护层，其耐火极限不低于《建筑设计防火规范》的相应建筑构件的耐火等级。

l）电缆井、管道井防火：在每层楼面标高处设置混凝土楼板，钢筋预留，混凝土后浇，板厚及配筋详见结构施工图，楼板孔洞及缝隙采用防火材料封堵。电缆井、管道井与房间、走道等连通的孔洞及缝隙应采用不燃材料填塞密实。井壁检修门为丙级防火门，编号为 FM 丙。所有封堵均应满足《建筑防火封堵应用技术规程》要求。

② 安全防范及防护设计

a）公共楼梯的楼梯斜扶手垂直高度为 900 mm。当靠楼梯井一侧水平扶手长度大于等于 0.5 m 时，栏杆高度应大于等于 1 050 mm，楼梯栏杆垂直杆件净距不应大于 110 mm。

b）上人屋面防护栏杆的垂直杆件间距不大于 110 mm。当临空高度在 24 m 以下时，栏杆高度不应低于 1 050 mm，疏散用室外楼梯栏杆扶手高度不应低于 1 100 mm。

c）当下部有宽度大于等于 220 mm、高度小于等于 450 mm 的可踏面存在时，栏杆高度应从可踏面部位顶面起算。

d）当玻璃栏板（内廊）最低点离地高度大于 5 m 时，不选用承受水平推力的玻璃栏板。

e）除一层室内外高差小于等于 600 mm 时，当窗台低于 800 mm（室外为阳台、露台除外）均采取防护措施，具体做法详见工程设计；当窗台低于等于 450 mm 时护栏高度从窗台算起，当窗台高于 450 mm 时护栏高度从地面算起。

f）做玻璃雨篷时务必用钢化夹层玻璃，其夹层胶片厚度不应该小于 0.76 mm。在玻璃板中心点直径为 150 mm 区域内，能承受垂直于玻璃的 1.1 kN 的活荷载，避免坠落伤人。位置详见平面图。

g）栏杆活动荷载标准值应满足《建筑结构荷载规范》第 5.5.2 条规定要求。

h）无障碍入口及通道使用的门扇下方高 350 mm 处应使用坚固防撞材料；全玻璃门及全玻璃隔断应采用安全玻璃，并由二次装修在视线高度设立显眼装饰线条。

③ 墙体结构

a）墙体的基础部分、承重墙体、构造柱等以结构施工图为准。所有砌体强度设计要求参见结构施工图。

b）其他墙体材料、厚度及构造做法如下：

砌体墙体的砌筑砂浆强度详见结构设计说明。

幕墙内衬墙采用蒸压砂加气混凝土砌块，幕墙内衬墙需配合幕墙施工砌筑。

室内分隔墙在未确定材料前提下，其墙体材料须限制其自重小于等于 $1.0\,\mathrm{kN/m^2}$，并满足《建筑内部装修设计防火规范》要求。

门窗洞口过梁做法详见结构施工图。

c）设备用房涉及大型设备搬运时，需在填充墙砌筑时预留设备搬运口，待设备安装就位后砌筑封闭。填充墙在管线穿墙处砌至门顶需做 180 mm 高混凝土圈梁，C20 混凝土内配 $4\phi12$，箍筋 $\phi6@200$，圈梁以上墙体等设备管道安装完毕再进行封砌，避免差错。

d）墙体留洞及封堵：

钢筋混凝土墙上的留洞见结施和设备专业施工图。

砌筑墙体预留洞需与设备专业图纸核对无误后方可砌筑。

e）墙体材料的连接处均应按结构构造配置拉接筋（详见结构图），砌筑时应相互搭接。不同墙体材料的墙面交接处，应固定设置镀锌钢丝网，其宽度为沿界面缝两侧各大于等于 300 mm，防止开裂。

f）外墙按《建筑外墙防水工程技术规程》的要求增设 5 mm 厚聚合物水泥防水砂浆防水层，并与地下室外墙防水层搭接。耐碱玻纤网格布压入防水层内并按规范要求设置分隔缝，缝宽宜 8—10 mm，缝内采用密封材料做密封处理。

g）所有管道井、风井及暗装雨水管均应先安装管线后砌墙。电梯井道不抹平。

④ 装饰工程

a）本工程外立面采用幕墙及部分涂料饰面。外装修设计和做法索引见立面图及墙身节点详图。

b）进行二次设计的钢构架、幕墙、装饰物等，要求由具备资质的专业公司负责设计施工，设计必须与建筑设计密切配合协商以保证建筑整体形象及质量。由专业公司设计的幕墙、轻钢结构、装饰构架，轻钢雨棚等，需经土建设计确认并提供预埋件的设置要求。

c) 外墙粉刷。所有檐口、女儿墙压顶、雨篷、挑板、阳台，无遮阳板的外窗洞上口及外墙装饰线脚端部均应做滴水线（可选用成品滴水线）。女儿墙、挑檐翻口、雨篷翻口、外廊栏板等顶面粉刷均应向内侧做大于等于1%的排水坡度。

d) 外墙粉刷的基层处理。砼基层及轻质砌块基层均应刷一层聚合物水泥砂浆界面剂，有保温要求的砌块外墙粉刷前应刷厂家的专用防水界面剂；针对无保温要求的砌块，粉刷前应刷专用界面剂。

e) 不同材料基体交接处，必须铺设抗裂钢丝网，与各基体间的搭接宽度不应小于 300 mm。

当框架顶层填充墙采用蒸压加压混凝土砌块等材料时，墙面粉刷应采取满铺镀锌钢丝网等措施。

⑤ 人防工程

a) 本工程为全埋式地下工程，位于地下二层，人防顶板低于地下地坪，建筑耐火一级。

b) 在清洁区和染毒区之间设置整体现浇钢筋混凝土密闭隔墙，染毒区一侧应用水泥砂浆抛光。

c) 主体结构各构件的厚度，详见结构图纸。

d) 工程中内隔墙为注明 200 mm 厚烧结页岩空心砌块，均砌至梁底或顶板底。

e) 抗爆墙临战前堆垒粗砂沙袋，墙体顶部厚度 500 mm，高度至离地 2 m。

f) 本工程项目属于平战结合人防工程，在施工时各工种需密切配合，严格按图、按设计施工，非人防部分的设备不可以削弱防护墙体。

（4）施工目标

① 质量目标

项目保证一次验收合格率达 100%，确保结构优质，符合工程施工质量验收规范标准。

② 工期目标

该项目建设期限为 750 天，1 年内完成地下室建设。地下室建设完毕后，一个星期建设一层地方部分主体结构。

③ 安全目标

在生产过程中确保无安全事故发生，维护国家、企业、职工的切身利益，在施工过程中做到"安全第一，预防为主"，杜绝重大工程事故的发生。

④ 文明施工目标

保持工地秩序的良好，加强施工现场的规范和管理，加强施工队伍组织能力和施工素质的培训和强化，使施工生产有序进行，营造良好施工氛围，避免出现恶性事件影响施工进度。

⑤ 环保目标

控制生产用水的使用量和排放，尽量减少材料的浪费，控制扬尘，降低噪声，尽量保护周边地区原有植被，减少污染物的排放，争取做到绿色环保，避免对周围居民造成不良影响。

（5）项目重难点

① 本项目工程重难点

根据本项目的实际特点，再结合我们对以往学校基础建设类项目的经验总结和对本项目的综合分析，本项目在建设过程中可能存在以下工程重难点：

a）工程体量稍大，涉及专业较多，参建单位多，协调管理难度高；

b）机电系统较多，设备安装管线较复杂，管线布置要求较高，碰撞问题突出；

c）项目建设内容众多，工程技术管理难度大；

d）施工范围较小，安全风险点众多，安全管理难度大。

② 本项目 BIM 实施重难点

a）学校基础建设类项目模型管理的复杂性；

b）各 BIM 应用的有效性、及时性；

c）众多参建单位协调管理的复杂性；

d）BIM 辅助项目管理与传统项目管理的差异性。

3）BIM 工作内容

（1）BIM 技术在工程项目中的施工应用

① 电气工程

应用 BIM 技术，整合相应的电气模型和结构模型，从而判断预留洞口的位置。通过详细的报告，让施工人员提前知晓预留好的位置，防止因后期凿洞而造成结构的破坏。

② 给排水工程

通过在 BIM 模型中进行协调、模拟、优化以后，为现场给排水施工提供给排水的施工图纸，使得施工更加方便。

③ 建筑工程

利用 BIM 精准的三维模型，直接输出相应建筑工程部位的平面图、剖面图，有差别的内容使用不同配色线条，便于辨认和理解，供施工使用。

④ 结构工程

通过不同模型的整合，可以检查各种构件的预留预埋情况，以及构件的位置、尺寸等是否能与土建协调，若存在矛盾，及时调整。

⑤ 暖通工程

建立 BIM 模型，通过 BIM 的三维展示，较 CAD 图纸更直观，保证施工的顺利进行。

⑥ 强弱电工程

利用 BIM 技术将强弱电问题在图纸阶段顺利解决，保障施工的顺利进行。

⑦ 防水工程

a）屋面防水做法

创建 BIM 模型，根据 BIM 模型导入 3Ds Max 或 Navisworks，生成施工演示动画，切实安排好施工工序。从动画的演示中，明确在施工屋面保温及防水工程时不与其余工程穿插作业，在屋面保温及防水工程施工终了后，应采取保护措施。

b）结构自防水

根据对各种屋面防水工程施工的经验，创建相应的 BIM 模型，依据 BIM 模型，对屋面工程中的一系列现象预先准备应对措施。

（2）BIM 技术在工程项目中的管理应用

① 设计深化

首先要考虑检验设计协调性和合理性：

依照拟定好的 BIM 系统工作流程和 BIM 标准，进行相应的施工图深化。在整体三维深化设计协调中，除建筑和结构两大专业之间的协调外，还负责解决其他各方面的协调工作，做到全方位三维设计检测、协调。

通过应用相关的 BIM 模型，再结合有关的施工经验，在施工图不断深化的过程中，对设计是否合理完成模拟检查。对不合理的设计，检验变更的合理性和可行性，模拟和判定合理性、可行性，尽最大可能，保证在施工的过程中，即使遇到各种可能出现的不利因素时，能够做到不盲目、不反复，做到有的放矢。

② 碰撞检查工程

在建模成形后，各专业之间即可对本专业的成果进行有关的空间的碰撞检查，检查是否存在构件冲突又或是不满足空间距离的部位，对模型进行一定的初步调整。然后再依据土建供应的有关模型进行整合，之后再进行碰撞检查，对各自专业的模型进行调整和深化，在达到最终完成的模型后，提交整理。提前做好各专业的三维模型，能更具体直白地体现各空间之间的关系，减少发生碰撞后返工的概率。

③ 管线工程

在设计阶段成果的基础上进行相应的深化设计阶段 BIM 管线综合，并同时加入相关深化的管线模型，优化和调整相应的存在矛盾的部位。深化设计的单位依据最终的模型所反映的三维情况，做出相应调整。

④ 幕墙工程

a）针对特别的部位，利用 Rhinoceros 软件进行节点细化，进行施工方案优化，加工制作调整材料，以保证设计效果为前提，提高施工效率，创造更大的经济效益。

b）深入解析幕墙生产制造，保证深化设计的合理性和有效性。

c）现场的测量放线导致结构上存在一定的偏差性，如果存在着与幕墙完成面的冲突，可以通过调整相应的模型，对幕墙进行一定的调整，使图纸表达更确切。

⑤ 总平面管理

a）现场总平面规划

利用 BIM 的三维可视性，规划现场施工平面，主要包括临建的布置、大型机械的安拆、施工堆场的定位、施工道路的规划等。并在 Navisworks 中进行管理，根据施工的进度，对施工现场的部件进行更新和管理，使施工现场平面布置按施工进度进行更新。

b）现场垂直水平运输管理

塔吊管理：使用 BIM 技术，对塔吊的运行区域进行准确定位，标示不同的色块，起到合理的规划效果，使垂直运输作用更加合理。

水平交通管理：在相应的可视性条件下，分不同施工阶段对道路进行合理规划和调整，加强施工组织的有序性。

c）施工现场组织模拟管理

按照本项目的施工特点，组织合理的施工。在项目实施过程中，充分使用 BIM 系统三维模拟对施工总进度进行调节，做到合理施工，保证施工可以顺利开展。

d）大型机械应用可行性预演

在施工平面中演示大型机械运行，从而合理选型，合理布置，使施工方案最优。

⑥ 进度计划管理

在管理施工的过程中，运用了计划管理软件，管理和规划整个施工过程，得到相应的该项目的时间进度，将得到的这个时间进度和 BIM 模型进行匹配，进而得到更进一步的可视化的施工进度模拟。

将三维建筑模型及进度计划导入各专业的软件中，进行相应的施工进度模拟分析，分析施工进度计划的合理性，并及时调整计划。同时可以提前准备施工材料、机械及劳动力，保证整个工程顺利进行，保证工程的总工期。

⑦ 工程量计算

运用 BIM 软件，可以将工程的工程量准确计算出，供相关部门进行相应的工程量概预算时参考。

⑧ 资源计划协调管理

利用计算出的工程量，对整个项目的资源做协调管理。

对不同施工阶段的工程量进行实时计算，控制施工过程中的物料采购、劳动力配置，使得施工资源达到最优利用，从而可以加快施工进度，避免物资的不合理使用等情况。

⑨ 成本管理

按楼层、进度、规格型号等维度统计相应的物资量，指导有关的物资供应计划和采购计划；项目部成员随时参观工厂统计，使审核过程有效、可靠，真正达到定额材料，便于项目成本管理。

⑩ 现场资料管理

在 BIM 中创建工程资料档案，将运营期等时期所需要的资料档案一起列入 BIM 模型中，从而得以实现高效协同管理。BIM 能够为其提供数据资料的分类提取，使得资料管理的过程更为方便、快捷，同时避免了由于资料过多过杂而产生的资料查找困难和易丢失等问题。

⑪ 质量管理

BIM 技术的相应优势在于，在对施工进行交底时，施工流程可以被表现得十分具体，从而可以避免不少因平面图纸表达不具体而造成的失误。

通过施工预演，提前预知在施工过程中出现的不利因素，在施工过程中作出应对措施，提高施工质量。

日常质量检查的记录可随时录入 BIM 信息管理平台中，自动分类相应的不同状态，运用每日的详细信息可以增强质量管理。

对于施工过程中的重要信息，利用 BIM 技术将现场的实体质量检查、实测记载与服务器进行及时链接，检查和验收相应的信息，将消息保存在相应的模型中，相关单位可快速地对相应构件进行有关查询和分析，使施工质量得到保证的同时，还能使运营维护时期的质量信息有据可循。

⑫ 安全管理

使用 BIM 技术，对三维状态下的技术、方案交底，可以对现场施工进行实时监测，预测施工过程中的风险因素，由现场管理人员对方案的落实情况进行摸底、检查，实时反映纠偏，提前预防、消除安全隐患，提前判断出需要进行防护加固的施工构架体系，进行合理防护加固，将施工风险降到最低。

同时，可将第三方监测单位每期的基坑监测数据表格导入平台，平台则自动辨别每一个检测点的监测结论，导入数据后可实行查询任意监测点类型的监测数据，让项目人员清晰了解分部项目的监测数据。日常安全检查记录也可随时录入平台中，全项目人员共同监督整改，共同管理。

⑬ 信息管理

BIM 技术在工程项目中的信息管理应用如图 3.16 所示。

a）资料共享。对用户上传的资料进行管理，从而达成资料之间的共享，将资料和 BIM 模型在后台进行关联，令其他平台也能查看上传的相关资料。

图 3.16　信息管理

b）任务管理。各个角色之间的管理任务，实现各个角色之间的协同工作，将任务和文档资料进行一定的关联，从而在 BIM 模型中进行相应的关联，以便可以在其他平台查看任务消息。

c）问题反馈。提供一个各个角色互相交流的平台，使得用户可以对图纸、文档中有问题的地方进行及时反馈。将问题与资料相关联，进而可以关联于 BIM 模型当中。

d）向甲方提供相应的 BIM 服务的资料和建议。在 BIM 模型建立完成之后，为甲方提供 BIM 模型资料。

⑭ 协同管理

按照施工的总部署，根据具体情况划分，对组员的工作任务依照合适的原则划分，对 BIM 模型进行相应的集成和应用，各部分通过中心点创建相应的文件，并各自进行适当的模型深化，再进行同步。

因为 BIM 的施行需要全部参建方的共同协作，需要建立十分有效的协同机制来保证彼此之间的沟通。该项目主要通过会议、电子邮件、现场评论等方式进行协调。

4）BIM 组织架构

（1）人员配置

本工程 BIM 管理团队人员安排及岗位职责如表 3.1 所示。

表 3.1　BIM 管理团队人员安排及岗位职责

序号	岗位	职责	姓名	备注
1	BIM 项目经理	负责整个 BIM 项目的管理，制定总目标、总 BIM 建模进度表，选择各专业建模人员，负责与业主方、承包商、设计院、监理方等沟通，并将更改要求、相关信息正确传递给各个专业的 BIM 小组，协调各专业之间的冲突与沟通、模型的初步验收、资料收集、汇总、整合。最后将模型、清单、明细表统一交由管理控制部处理		

序号	岗位	职责	姓名	备注
2	土建 BIM 工程师	负责项目的结构、建筑专业的 Revit 模型、模拟动画、模型应用、深化设计等工作，为建筑提供门、窗、楼梯等节点的详细信息、Revit 模型、导出结构、建筑材料明细、门窗明细、楼梯明细等信息，提供结构、建筑的平面图、立面图，以及剖面图的尺寸标注和详细信息，导出土建的施工详细的进度计划。最后将模型、清单、明细表统一交由管理控制部处理		
3	给排水 BIM 工程师	负责项目的给排水、消防系统的模型、模拟动画、管线优化、设计复核，按照平面图、立面图、剖面图提供完整详细的水管网线、管道、附件、仪器的明细表。导出给排水的施工详细的进度计划表。最后将模型、清单、明细表统一交由管理控制部处理		
4	暖通 BIM 工程师	对项目中的暖通部分建立并运用相应的 BIM 模型来进行模拟动画等必要的工作，主要的工作包括提供完备的暖通管道、暖通管网模型、主要的三视图、管道及设备明细表，以及剖面视图主要尺寸标注，导出暖通工程的施工具体的进度筹划。最后将模型、清单、明细表统一交由管理控制部处理		
5	电气 BIM 工程师	对项目中的电气专业创设模型，提供主要的视图和设备明细表，以及相应的平面视图的主要尺寸标注。导出详细的进度计划。最后将模型、清单、明细表统一交由管理控制部处理		
6	幕墙 BIM 工程师	对相应的幕墙进行建立具体的 BIM 模型、模拟相应的布置、调整开窗的位置、选择适当的材质等操作，提供完整的幕墙三维成果图、预埋点位布置图，供应完整的 BIM 幕墙模型和重要轻钢、幕墙玻璃材质尺寸表。导出详细的进度计划。最后将模型、清单、明细表统一交由管理控制部处理		
7	装饰工程 BIM 工程师	装饰工程完成 BIM 模型的查核，相关模拟（模拟动画等）的审核等，由相应的分包商提供人员进行管理。导出详细的进度计划。最后将模型、清单、明细表统一交由管理控制部处理		
8	管理控制	对各专业的模型进行汇总管理，完成各个专业以及整个项目最终模型，导出最终效果图，并根据各个专业的模型，进行质量管理。根据具体的清单明细进行必要的成本管理，完成具体的工程报价。依据各个专业的进度计划，进行相应的工期管理，从而生成总的工期计划。动画模拟整个施工情况，进行安全管理以及后期运营的质量保障。最后将模型、清单、明细表统一交由项目经理处理		

（2）组织结构

BIM 项目组由项目经理、各专业建模工程师以及管理控制人员组成。项目经理直接领导各专业建模工程师以及管理控制人员。

（3）组内协调

BIM 项目小组内各部分的成果、冲突统一汇总至项目经理处，统一由项目经理解决。项目经理负责整体 BIM 项目的进展与质量，各个专业的建模部门负责自己专业部分的模型，管理控制部门的人负责各个专业以及整体项目的成本、质量、工期的控制。

（4）组织协调

BIM 项目组与业主、设计院、建设方进行组织间的交互。

（5）资源配置

① 组织间模型、文件交互

a）专业缩写

本项目的专业缩写采用拼音首字母的形式。如：建筑 JZ、电气 DQ 等。

b）项目模型文件命名规则

项目模型的名称应包括专业、楼层或区域，地下室楼层统一命名为 B2 层、B1 层及 B1M 层，地上楼层统一命名为 F1、F2 等，区域划分为 A、B、C、D 四个区域。版本信息为：初稿为 0，修改稿为 1.0，之后每改动一次，增加 0.1。例如：DQ ＿ A ＿ F1 ＿ 1.2 ＿ 180723。

c）各组织文件交互方式

本项目各专业数据交互拟采纳百度云作为相应的储存平台，U 盘作为实际的传输载体。各部门将有关的模型和数据按照约定的格式、路径上传到云盘，供其他部门下载、共享。登录账号：XX（大写）；登录密码：XX

（大写）。各组内成员上传模型必须为精确、最新的模型，并按照设计变更实时修改，上传修改后的最新模型，各单位依据自身情况建立文档架构。上传的文件形式为专业＿区域＿楼层＿版本＿日期。

d）各组织之间的交互流程

业主任用 BIM 项目组，业主方给有关项目组提供具体设计图，项目组在建模完成之后，可以根据初步完成的模型进行设计优化，并向业主方提供修改意见。业主方审核后，将修改后的设计图交给项目组。项目组建模，模型完成后，业主方审核。审核通过后，将模型交付于施工单位。

分包单位需要向单位 BIM 汇报工作计划，总承包方定期监督和检查转包单位 BIM 的工作，并针对不符合要求的地方提出专业模式整改计划，尽可能地发挥 BIM 技术在施工中的引导作用，各专业施工利用 BIM 模型可以进行较为全面的检查和指导，从而保证施工进度和质量。

② 组织内部模型、文件交互

a）专业缩写

本项目的专业缩写采用拼音首字母的形式。如：建筑 JZ、电气 DQ 等。

b）项目模型文件命名规则

项目模型的名称应包括专业、楼层或区域，地下室楼层统一命名为 B2 层、B1 层及 B1M 层，地上楼层统一命名为 F1、F2 等，区域划分为 A、B、C、D 四个区域。版本信息为：初稿为 0，修改稿为 1.0，之后每改动一次，增加 0.1。例如：DQ＿A＿F1＿1.2＿180723。

c）各专业文件交互方式

本项目各专业数据交互拟采纳百度云作为相应的储存平台，U 盘作为实际的传输载体。各部门将有关的模型和数据按照约定的格式、路径上传到云盘，供其他部门下载、共享。登录账号：XX（大写）；登录密码：XX（大写）。各组内成员上传模型必须为精确、最新的模型，并按照设计变更实时修改，上传修改后的最新模型，各单位依据自身情况建立文档架构。上传的文件形式为专业 _ 区域 _ 楼层 _ 版本 _ 日期。

d) 各专业之间的交互流程

各个专业之间按照计划表工作，如果遇到模型冲突等事项，请示管理控制人员，由管理控制人员做决定。

5) 实施流程

（1）各部分协作流程

① 结构模型创建计划如表 3.2 所示。

表 3.2　结构模型创建计划

序号	楼层位置	持续时间	开始时间	完成时间
1	地上一层(A)			
2	地上二层(A)			
3	地上一层(B)			
4	地上二层(B)			
5	地上一层(C)			
6	地上二层(C)			
7	地上一层(D)			
8	地上二层(D)			

② 建筑模型创建计划如表 3.3 所示。

表 3.3　建筑模型创建计划

序号	楼层位置	持续时间	开始时间	完成时间
1	地上一层(A)			
2	地上二层(A)			
3	地上一层(B)			
4	地上二层(B)			

续表

序号	楼层位置	持续时间	开始时间	完成时间
5	地上一层(C)			
6	地上二层(C)			
7	地上一层(D)			
8	地上二层(D)			

③ 工作计划

基于 BIM 模型各专业间碰撞检查、校核、深化、综合协调及出图工作计划如表 3.4 所示。

表 3.4 工作计划

序号	楼层位置	持续时间	开始时间	完成时间
1	地上一层(A)			
2	地上二层(A)			
3	地上一层(B)			
4	地上二层(B)			
5	地上一层(C)			
6	地上二层(C)			
7	地上一层(D)			
8	地上二层(D)			

（2）数据

BIM 的数据传递主要通过学校 E 楼实验室服务器、BIM 服务器、PC 应用端、手机移动端来实现。通过设立模型中心、数据中心、应用中心实现成员之间共享模型，设置管理权限实现成员之间的各自分工、领导层的统筹管理。

（3）人员合作

按照施工总部署，根据施工不同部位划分，对不同的组员进行相应的工作任务划分，依据不同的原理对 BIM 模型进行有一定计划和目的的集成和应用，各专业经过各中间点创建相应的本地文件，并各自在本地进行有关的模型深化，再与一定的网络平台同步。各部对 BIM 设计单位提供的模型进行一定的深化从而能够达到施工应用的细度，通过保密的网络平台统一集成管理。

BIM 的实施需要所有承包方、业主方的通力协同，需要建立有效的合作机制来保证沟通。本项目主要通过会议、电子邮件、现场校验等形式进行协调，人员合作如表 3.5 所示。

表 3.5　人员合作

合作方式		内容
会议	现场会议	按照项目的进程，安排有关的启动会，实施规划、协同、管线综合、施工 、模拟及工艺优化、进度协调等
	视频会议	不定期地开展相应的视频会议，实时交流，灵活高效
电子邮件		由专员统一对电子文档收发进行记录，建立台账。通过指定邮箱发送的电子文档均为正式文件
现场校验		由总承包方组织相应的建设单位、设计单位等有关参建方进行模型和实况的实地检查，如果发现存在问题，要就地确定相应的解决方法，形成正式文件指导 BIM 工作的调整方向

6）成果交付

在工程施行的过程当中，BIM 模型在成型后，应在竣工模型形成前进行模型的最后集成和验证。

（1）组织承包方、业主方编制完备的竣工资料，提供好相应的基础资料作为 BIM 竣工模型完成的准备。

（2）对参与工程的各单位提供的信息进行完整性和精度的审查，保证本方案要求的全部信息已提供完全并输入到相应的竣工模型中，所有过程的变更信息都包括其中。

（3）对有关单位提供的信息准确性进行相应的复核，除了应与基础资料、实体建筑进行核对外，还应对不同单位的信息进行互相验证。

（4）对完成的信息模型的成效进行相应的检测，然后用专业软件进行有关演示，从而检查各种信息的集成状态。

对本工程的 BIM 模型进行规划和管理，然后对全部的 BIM 模型进行整合校对，并在施工过程当中根据项目的现实施工情况实时调整，修改原始的设计模型，使模型包括项目整个施工过程的切实信息，以及本工程的各专业的相关模型，这些重要的信息能够以电子文件的形式进行长时间保存，形成竣工模型。

3.1.3　学生作品3：
基于BIM技术的木质古建筑
信息管理及健康动态监测平台

课程名称：工程管理信息化技术与应用
作品类型：课程作业
报告名称：基于BIM技术的木质古建筑信
　　　　　息管理及健康动态监测平台
来源学校：浙江财经大学

　　主要内容简介：本项目通过以BIM技术为核心的数字化保护方法，将信息管理的方法引入木质古建筑的保护工作，为完整地保护木质古建筑各类信息及为木质古建筑高效的运营维护提供可能。综合利用已有建模技术和木质建筑模型库，结合光纤光栅传感器，动态监测湿度、温度、形变、位移数据，搭建基于BIM的木质古建筑动态管理监测平台，利用BIM"协同、共享"的特点，共享信息库、监测数据及维修方案库，满足木质建筑运营维护管理的需求，提高数据利用价值。

1) 背景

　　我国各地有数不胜数、宏伟壮观的木质古建筑，它们既是研究历史文化的重要实物资料，又是人类文化传承的重要载体，具有较高的科学、文化、艺术、历史价值。然而木质古建筑悠久的历史在赋予其丰富的文化内涵的同时也意味着在其服役过程中受到了极其复杂的荷载作用，结构内部因为疲劳效应、腐蚀效应和材料老化等不利因素的影响，耐久性和承载力持续弱化，最终影响其使用安全和结构健康。材料老化、疲劳效应、腐蚀效应、环境荷载变化都在考验着服役中的木质建筑，尤其是老旧的木质建筑。如图 3.17 所示，木结构常见的破坏类型有开裂、腐朽、变形、蛀虫等。

（a）　　　　　　　　　　　　　　　（b）

（c）

图 3.17　木结构常见的破坏类型

目前，国家对古建筑的保护越来越重视，不少地方政府出台了相应的地方性法规规章来保护古建筑，例如江苏省第九届人民代表大会常务委员会第三十二次会议批准了《苏州市古建筑保护条例》，黄山市第六届人民代表大会常务委员会第三十五次会议通过了《黄山市徽州古建筑保护条例》……越来越多的地方政府将古建筑保护工作纳入了国民经济和社会发展规划以及城乡建设规划之中，不少地区每年在财政预算内安排了古建筑保护专项经费，用于古建筑的维修、征购和古建筑保护奖励。

虽然我国加大了对木质古建筑的管理保护力度，但木质古建筑在运行过程中还是出现了不少的问题，木质古建筑被损毁和破坏的新闻屡有报道，如图 3.18 所示。这些情况造成的直接经济损失和对历史文化的破坏不可估量。

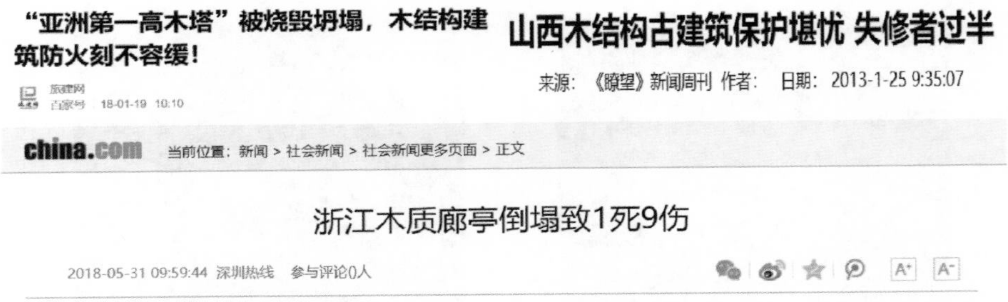
“亚洲第一高木塔”被烧毁坍塌，木结构建筑防火刻不容缓！

旅建网 百家号 18-01-19 10:10

山西木结构古建筑保护堪忧 失修者过半

来源：《瞭望》新闻周刊 作者： 日期：2013-1-25 9:35:07

china.com 当前位置：新闻 > 社会新闻 > 社会新闻更多页面 > 正文

浙江木质廊亭倒塌致1死9伤

2018-05-31 09:59:44 深圳热线 参与评论0人

图 3.18 木质古建筑被损毁和破坏的新闻报道

并且，目前木质古建筑的信息保护并不被重视，众多有价值的建筑信息、资料没有被保存和充分利用，信息的共享性也较差。已有的古建筑传统的信息储存方式主要包括文字、影像、图、表等，但这些方式比较抽象，前期抄绘的建筑图纸和构件详图之间关联的直观性不强，不能形象直观地反映古建筑的真实原貌。历史影像资料虽直观形象，但无法反映古建筑的精确尺寸数据，甚至部分文物建筑图纸信息不全或没有任何档案资料，使重建及复原工作难度大，信息数据的分析、解读和鉴别效率低，无法满足文物建筑信息化保护与传承管理的需求。如何管理和利用好这些木质古建筑的信息、资料也成为亟须解决的问题。

2）发展现状

历来木构件材质的勘查方式以手工操作为主，借助简单的工具，依靠现场肉眼观察、实地测量、敲击辨声、取样分析等手段。手工操作方式虽简便易行，但勘查结果的准确性很大程度取决于人工经验，而且难以对木材内部缺陷做出准确的判断。

近年，随着古建筑保护事业的发展，在木构件材质的勘查中，逐步引进了一些国外先进的检测设备，如阻力仪（RESISTOGRAPH）和三维应力波断层扫描仪（ARBOTOM），将这些设备应用于古建筑的维修工程中，成为当今古建筑木结构材质勘查不可或缺的重要手段之一。阻力检测技术具有准确、检测范围宽等特点，三维应力波断层扫描技术可一次完成对目标对象多个平面的探测，特别适用于大径级立柱的现场检测。具体的功能对比见表 3.6。

表 3.6 具体功能对比

设备	准确度	检测范围	是否实时
手工操作	差	小	否
阻力仪	较好	较广	否
三维应力波断层扫描仪	一般	广	否
光纤光栅传感器	好	广	实时

3）目的及意义

中国木建筑遗产风格独特，具有很高的历史、文化、艺术价值，但木结构易腐蚀易损坏，目前建筑遗产保护工作未能充分考虑木结构的建筑特点，尤其在信息化和科学管理手段不断发展的时代，对建筑遗产的运维管理水平有待进一步提升。且 BIM 与古建筑的结合多在于建模领域，并未对古建筑模型的参数化信息进一步开发和利用，缺乏有效的手段存储与挖掘建筑信息，致使一些前人的研究数据不容易被利用，古建筑信息不易被共享，造成了信息资源的巨大浪费；针对古建筑的实时无损监测技术和基于监测结果的安全评估体系还不够完善，古建筑结构历史久远，相当一部分存在损伤累积，应对其状况进行实时监测和评估，提高运维能力。

本项目的顺利实施有利于古建筑参数信息的保留传承及实物状态的保护，并能结合 BIM 信息共享、多方协同的特点，通过木质古建筑信息管理及健康动态监测平台实现木制古建筑的信息共享，充分利用已有资源，服务于更多方面。在保护应用方面，为木质古建筑提供实时的动态监测服务，针对监测数据制定建筑遗产保护规划、综合维修方案，并对木质古建筑即将损害的点进行及时预警，减少"先破坏后维修"的现象；当有大量的维修案例和监测数据时便能成立维修方案库，平台快速提供维修方案，并能对木建筑进行设计优化。在社会服务方面，平台搜集的各类木质古建筑信息可以为建筑遗产展览展示、宣传保护提供资料。在学术研究方面，为中国建筑史、木质古建筑构造做法、木质古建筑设计原理等研究及其关联性研究提供大量的信息数据。

4）项目介绍

图 3.19　项目流程

本项目通过以 BIM 技术为核心的数字化保护方法，将信息管理的方法引入木质古建筑的保护工作，为完整地保护木质古建筑相关的各类信息及为木质古建筑高效的运营维护提供可能。如图 3.19 所示，综合利用已有建模技术、木质建筑模型库，记录建筑及其构件的详细属性信息，并结合光纤光栅传感器，动态监测湿度、温度、形变，以及位移数据。搭建基于 BIM 技术的木质古建筑动态管理监测平台，保存文物原有的各项数据和空间关系等重要资源，对木质古建筑的状态进行监测。结合大数据技术进行数据分析处理，有利于木质古建筑的日常维护，并为必要的维修加固提供精确的数据支持，实现濒危文物资源科学的、高精度的和永久的保存。利用 BIM"多方协同"的特点，共享木质古建筑信息库、监测数据及维修方案库，满足建筑遗产运营维护管理的需求，提升数据利用价值。

（1）光纤光栅构造

光纤光栅是光纤波导介质中折射率沿轴向呈周期性分布的一种光子器件，可以改变和控制光在光纤中的传播行为。其制作方法是在拉纤过程中，在纤芯掺入一定浓度的 Ge 等元素，使之成为光敏光纤，它对特定波长的光波具有强烈的吸收特性，从而使得纤芯的折射率随紫外线曝光强度的变化而产生变化，通过这种紫外写入技术使普通光纤变成光纤光栅。光栅非常微小（0.05～0.3 nm），光纤光栅的长度受工艺影响一般不超过 25 mm，纤芯直径一般为几个 μm。

（2）光纤光栅传感技术原理

光纤布拉格光栅技术（FBG）可获取光纤光栅中心波长（λ）的改变，中心波长和纤芯有效折射率（n）和光栅周期（Λ）之间存在如下对应关系：

$$\lambda = 2n\Lambda$$

当光栅受到外部荷载作用时，光栅周期将发生变化，同时由于光弹效应也会导致光栅折射率变化，从而引起布拉格波长改变。光纤布拉格光栅经过中心波长解调可实现对温度、应变等物理量的高精度传感检测。在不考虑温度应变耦合作用的情况下，中心波长与其相应的温度、应变有如下线性关系：

$$\Delta\lambda = \alpha_\varepsilon \Delta\varepsilon + \alpha_T \Delta T$$

其中 α_ε，α_T，分别为应变和温度灵敏度系数；$\Delta\lambda$ 为布拉格中心波长的漂移量；$\Delta\varepsilon$，ΔT 分别为应变和温度增量。光纤光栅结构及原理如图 3.20 所示。

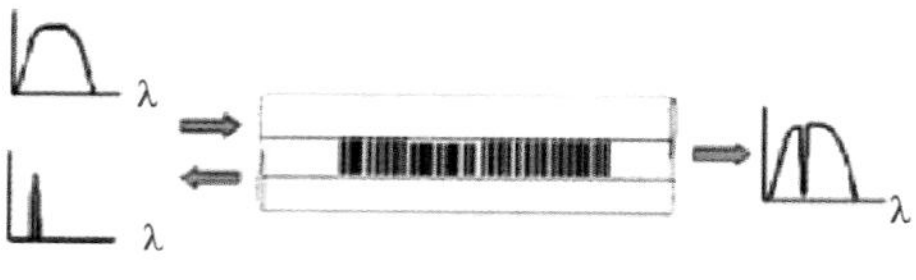

图 3.20 光纤光栅结构及原理

基于 3×3 耦合器的 M-Z 干涉解调原理如图 3.21 所示。

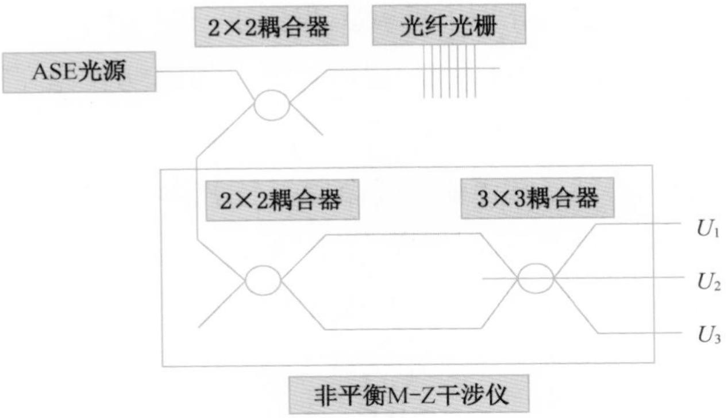

图 3.21　基于 3×3 耦合器的 M-Z 干涉原理图

光纤光栅接收到 ASE 宽带光源发出的光，返回符合光波反射特性的窄带光，并进入 M-Z 干涉仪，将波长信号调制为相位信号。由于干涉仪是由 3 dB 的 2×2 耦合器和 3×3 耦合器组成，光在其中发生干涉，将相位信号调制为三路光强信号，根据 3×3 耦合器的光学传输特性可知，这三路输出两两之间有 $2\pi/3$ 的相位差，再经过光电探测电路，输出三路电压信号，分别为：

$$U_1 = D + A\cos[\varphi(t)] \qquad\qquad 式(1)$$

$$U_2 = D + A\cos\left[\varphi(t) + \frac{2\pi}{3}\right] \qquad\qquad 式(2)$$

$$U_3 = D + A\cos\left[\varphi(t) - \frac{2\pi}{3}\right] \qquad\qquad 式(3)$$

其中，$\varphi(t)$ 为干涉仪两臂之间的相位差，D 为输出直流分量，A 为干涉条纹对比度。根据干涉仪相位与反射光中心波长的关系，即

$$\varphi(t) = \frac{2\pi nd}{\lambda_B^2} \times \Delta\lambda_B(t) \qquad\qquad 式(4)$$

式中，d 为干涉仪的臂长差；n 为光纤纤芯的有效折射系数；λ_B 为光

纤 Bragg 光栅的反射光中心波长；$\Delta\lambda_B(t)$ 为中心波长变化量，与光纤 Bragg 光栅受到温度、应变有关，可表示为：

$$\frac{\Delta\lambda_B(t)}{\lambda_B} = (1 - P_e)\varepsilon_x(t) + k\Delta t(t) \qquad\qquad 式(5)$$

式中，P_e 为光纤的有效弹光系数；$\varepsilon_x(t)$ 为微应变；k 为温度灵敏度系数；$\Delta t(t)$ 为温度变化。结构健康监测主要是对结构的损伤程度和位置进行监测和诊断。外力是引起结构损伤最主要和最直接的因素，在温度变化很小的情况下，只考虑应变的影响，因此公式变为

$$\frac{\Delta\lambda_B(t)}{\lambda_B} = (1 - P_e)\varepsilon_x(t) \qquad\qquad 式(6)$$

对于石英光纤，经理论计算得

$$\frac{\Delta\lambda_B(t)}{\lambda_B} = 0.78\varepsilon_x(t) \qquad\qquad 式(7)$$

结合式(4)和式(7)，可推导出

$$\varphi(t) = \frac{2\pi nd}{\lambda_B} \times 0.78\varepsilon_x(t) \qquad\qquad 式(8)$$

由式(8)可知相位与应变呈线性关系，只要解调出 $\varphi(t)$ 就能得到相应的应变值。

（3）LabVIEW 解调原理及编程实现

古建筑所处环境的复杂性以及产生应变因素的多样性，决定了监测系统必须误差小、精度高。本项目采用对称解调法处理干涉仪的输出信号。这种方法能够去除光强与干涉条纹对比度对解调结果的影响，直接解调出相位变化 $\varphi(t)$，避免了光源不稳定带来的附加误差，并且稳定可靠，很大程度上提高了系统的精确度。解调原理如图 3.22 所示。

首先消除直流分量的影响，对 3 个信号求和，可得

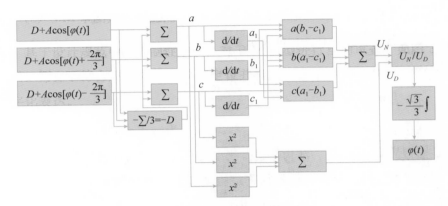

图 3.22 对称解调法原理图

$$-\frac{U_1+U_2+U_3}{3}=$$

$$-\frac{3D+A\cos[\varphi(t)]+A\cos\left[\varphi(t)+\frac{2\pi}{3}\right]+A\cos\left[\varphi(t)-\frac{2\pi}{3}\right]}{3}=-D$$

式(9)

再分别与 3 个输入信号相加，只剩下交流分量。并对交流分量分别求导，同时对交流分量和另外两个信号的导数差做乘积运算，所得结果求和，最终得到和干涉条纹对比度有关的式子 U_N

$$U_N=-\frac{3\sqrt{3}}{2}A^2\varphi'(t)$$

式(10)

为了去除干涉条纹对比度 A 的影响，将每一路信号平方并求和，可得 U_D

$$U_D=\frac{3}{2}A^2$$

式(11)

将两个信号做除法运算，消除因子 A

$$\frac{U_N}{U_D}=-\sqrt{3}\varphi'(t)$$

式(12)

为了还原信号，将式(12)乘以 $-\dfrac{\sqrt{3}}{3}$ 并积分，可得

$$-\frac{\sqrt{3}}{3}\int -\sqrt{3}\,\varphi'(t)\mathrm{d}t = \varphi(t) \qquad\qquad 式(13)$$

因此，通过以上一系列的运算可以直接解调出相位信号。数据分析与处理是结构健康监测系统的核心，直接影响着测试结果的正确性和准确性。LabVIEW 软件代替了传统的仪器设备，能够节约成本，并且开发简易，在实时监测方面具有很大的优势。本系统中，光电探测电路之后的电压信号，经过滤波和放大，由数据采集卡传输到 LabVIEW 软件平台。系统采用具有大容量 SDRAM 板载缓存的拓普数据采集卡 UDAQ-20612 作为数据采集设备，可实现较长时间的监测。采集和处理流程图如图 3.23 所示。

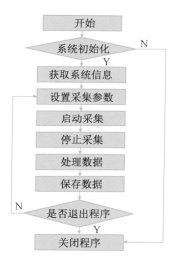

图 3.23 采集和处理流程图

系统流程图通过设备的初始化，确保 LabVIEW 能够搜索到采集卡，同时获取采集卡信息，在启动采集之前，根据具体情况设置采集的相关参数，然后进行采集、处理、保存数据等操作。根据信号解调原理，在程序面板编写解调程序，如图 3.24 所示。

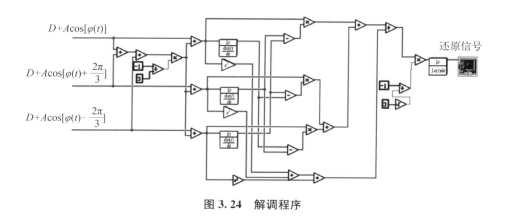

图 3.24 解调程序

环境引起的建筑振频主要在 100 Hz 以下。为了降低系统噪声对测量结果的影响，在没有信号输入的情况下对系统做频谱分析，如图 3.25 所示，噪声主要集中在 100 Hz 附近。因此系统采用低通滤波，截止频率为 100 Hz。为了能够直观显示相位变化大小，在软件编程中设置了游标跟踪，能够方便清晰地显示当前幅值的变化量。《古建筑防工业振动技术规范》中对不同建筑物规定了不同的疲劳极限，针对这一点系统采用阈值门限算法，一旦超过设定值便会发出警报。

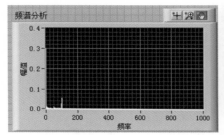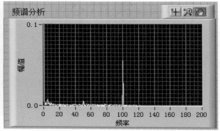

图 3.25　频谱分析

（4）光纤光栅(FBG)传感器的安装

本项目通过在建筑结构的构件表面选定关键监测点，根据所有的监测点设定光纤布置路径，在所述光纤布置路径上布设光纤，在所述光纤上设置光纤光栅传感器，与所述监测点对应将所有光纤光栅传感器组成网络。通过对所述光纤光栅传感器感知和记录所述木质古建筑结构的湿度、温度、形变、位移等因素变化，从而实现对古建筑状态监测、高温报警、预防火灾的发生、过大和急剧变形报警等功能，及时采取维修和加固措施，避免结构的破坏和倒塌。

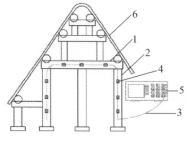

图 3.26　光纤光栅对建筑结构
进行健康监测的示意图

图 3.26 为光纤光栅对建筑结构进行健康监测的示意图示。在结构构件梁或柱适当位置选取监测点(标示数字处，下同)，根据监测点位置布设光纤，并在监测点处采用胶

黏剂对光纤进行点黏接，最后将光纤与解调仪相连接，对结构进行健康监测。

图 3.27 为建筑结构构件的监测点选取示意图，对结构构件梁或柱进行适当评估，选取变形控制监测点或者温度控制监测点。

图 3.28 为监测点光纤布设示意图，根据选取的监测点，选用合适长度的光纤，并根据监测点的参数在光纤上刻制光栅。将刻制之后的光栅对应于监测点，在建筑结构上布设光纤。

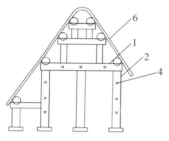

图 3.27　建筑结构构件的监测点选取示意图

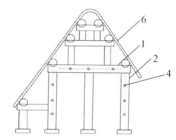

图 3.28　监测点光纤布设示意图

图 3.29 为整体结构的监测点处光纤点黏接示意图。布设好光纤之后，在光栅对应的监测点位置处采用胶黏剂进行点黏接，以此将光纤固定于结构梁或柱上。之后将光纤连接于解调仪，形成完整的光纤光栅结构监测体系。

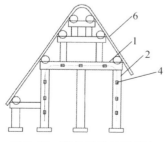

图 3.29　整体结构的监测点处光纤点黏接示意图

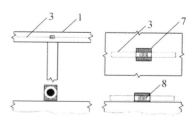

图 3.30　局部单个监测点处光纤点黏接示意图

图 3.30 为局部单个监测点处光纤点黏接示意图，光纤仅光栅与结构构

件黏接。光纤光栅与构件之间的黏接材料应选取应变传递率较好的胶黏剂。为确保能够发挥光纤光栅传感器应变测量的优越性能，可通过测试对黏接层材料进行优选。整个光纤只需黏接分布式裸光纤光栅部分，形成光栅处的点黏接，作为信号传输的光纤部分除特定情形外无需黏接。

在安装完成后，对系统进行测试，并根据所得结果进行调试。考虑到木质古建筑不同于现代土木工程结构，作为文物，无法进行破坏性试验来研究结构的工作性能，因此开展验证性试验，考察应变监测系统是否能有效工作。

5) BIM 信息平台搭建

搭建基于 BIM 技术的木质古建筑信息管理及健康动态监测平台。利用 BIM 技术多方协同、数据共享的特点充分发挥其在信息管理方面的作用，深入挖掘光纤光栅传感器获取的监测数据的价值，更好地维护、建设木质古建筑。基于 BIM 技术的木质古建筑信息管理及健康动态监测平台主要有下述功能：

（1）日常巡查、监测记录

为了及时发现木质建筑物中潜在的损毁，同时进行建筑遗产保护相关的研究试验，本项目在木质古建筑中放置了大量的光纤光栅传感器，对木质古建筑的湿度、温度、形变、位移数据情况进行监测，这些检测结果需要系统性地进行记录分析，并对异常情况进行预警。需要记录的信息包括建筑遗产的安全状态、健康状态、存在的隐患。实际工作中的有很大一部分保养工作，是根据日常巡检中发现的问题及其诊断结果，对建筑遗产进行保养修护。并且，持续动态的巡查、监测工作不仅保证了建筑遗产的健康，还积累了病害变化、相关处理措施、管理维护情况、环境关联因素等大量信息，为木质古建筑保护技术与方法的研究提供重要的基础资料。

（2）日常保养

日常保养工作包括对建筑遗产制定保养制度，针对潜在的侵害损伤采取预防性措施，对隐患部分进行存档记录与连续监测，制定并实施保养工程计划。平台将对木质古建筑的日常保养工作提供建议，主要包含清洁工作、小范围的修补工作、园林养护、防灾工作、基础设施保养工作等。

（3）施工维修

木质古建筑的施工维修具有特定的流程，具有相对复杂性，如图 3.31 所示，维修方案的确定需要维护管理方、设计方、施工方、专业研究人员的共同参与。根据维修程度与范围的不同，各方需要对建筑的平面图等图纸信息、建筑的建设信息与人文信息、损毁情况、以往维修方案、最新维修研究成果等各类信息进行全面了解，通过多方协同作业，各司其职，群策群力。信息管理平台为多方协同作业、提高信息传递的效率提供了技术基础。

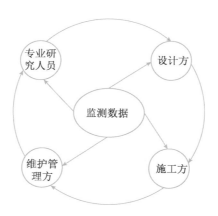

图 3.31　多方协同作业

基于 BIM 技术的木质古建筑信息管理及健康动态监测平台利用了 BIM 项目全生命周期的信息共享，对木质古建筑信息管理及健康监测平台已有的模型数据、光纤光栅传感器实时监测数据、维修方案信息进行共享，如图 3.32 所示，本项目数据可与维护管理方共享，为木质古建筑日常运维提供支持；可与维修方共享，提供综合的维修方案。通过信息共享，有效推动施工维修工作的顺利进行。

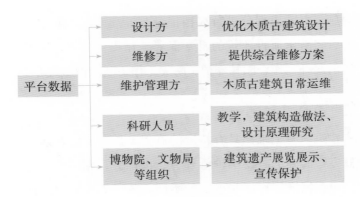

图 3.32 数据信息共享

6）创新性分析

（1）高精度、全方位的实时监测

同传统的电传感器相比，光纤光栅传感器在传感网络应用中具有非常明显的技术优势：

① 可靠性好、抗干扰能力强。由于光纤光栅对被感测信息用波长编码，而波长是一种绝对参量，它不受光源功率波动以及光纤弯曲等因素引起的系统损耗的影响，因而光纤光栅传感器具有非常好的可靠性和稳定性。

② 传感探头结构简单、尺寸小，其外径与光纤本身等同，适于各种应用场合，尤其是智能材料和结构。便于埋入材料内部，对结构的完整性、安全性、载荷疲劳损伤程度等状态进行连续实时监测。

③ 能全方位监测。湿度、温度、形变、腐蚀情况等对木结构比较重要，但一般的传感器只能监测应变，而光纤光栅传感器能监测位移、湿度、压力、声音、振动等因素。

④ 监测精确度高。感应信息用波长编码，在感测过程中波长参量不受光源功率的波动及连接或耦合损耗的影响。此外 FBG 与光纤间天然的兼容性使得在光纤的同一位置可以写入不同规格的光栅，通过观测各自的波长变化，可用来同时监测多路环境温度、应变或能引起光纤中光栅部位发生

应变的其他物理量。

（2）共享、协同的信息平台

本项目基于 BIM 技术搭建了信息管理平台，BIM 即建筑信息模型，是集成建筑工程中各种相关信息的三维数据模型，可详尽地表达工程项目中的相关信息。三维数字技术与信息管理技术的融合，使建筑信息模型可以解决建筑模型与信息分离的问题，提高设计师与工程师应对各种信息的判断能力，成为专业间协同合作的坚实基础。BIM 作为全生命周期模型，融合了设计、建造及管理的数字化方法，可极大地加快建筑工程项目的进程。

（3）信息共享

BIM 模型作为信息的载体，通过各种技术方式创建了共享式的信息环境，避免信息的丢失或误解，易操作的信息提取方式保证了信息的高效沟通与复用共享，提高了项目参与者的决策效率。其信息共享具体可分为两层含义：第一是模型内的信息共享，使用参数调整模型，模型间可实现信息调用；第二是项目全生命周期的信息共享，通过建立 BIM 工作流，在项目的不同阶段实现协同交互，在同一软件或不同软件之间进行数据共享，使信息在不同的阶段为不同的对象服务。

本项目利用了 BIM 项目全生命周期的信息共享，对木质古建筑信息管理及健康监测平台已有的模型数据、光纤光栅传感器实时监测数据、维修方案信息进行共享，发掘数据的价值，如图 3.32 所示。本项目数据可与设计方共享，优化木质古建筑设计；可与科研人员共享，为中国建筑史、木质古建筑构造做法、木质古建筑设计原理等的研究及其关联性研究提供大量的信息数据，也可用于相关教学工作；可与博物院共享，使得平台搜集的各类木质古建筑信息为建筑遗产展览展示、宣传保护提供资料。

（4）协同工作

通过 BIM 信息共享的方式，BIM 以一种过程的思想，保证了信息在模型内的统一，在不同软件间的内容形式与逻辑结构一致，在不同阶段的动态连贯，形成 BIM 式的协同工作基础。团队中各个成员的密切协作是建筑工程项目完成的基础，当建筑工程项目具备一定规模与复杂程度，不同专业间的相互协调就显得尤为重要。BIM 式的合作方式是将同一建筑信息模型作为各参与方的工作焦点，建筑模型集成各专业的信息，突出其交互复用能力，项目的参与方与责任方通过模型进行信息沟通，进行高效的协同工作。

本项目在分析监测数据、进行维护方案确定时可以充分利用该特点，由于维修木质古建筑具有相对复杂性，各项工作需要专业人士负责，因此协同作业是有必要的。当需要确定复杂的维修方案时，专业研究人员、设计方、施工方、维护管理方等可协同作业，群策群力，完善维修方案。

7）技术可行性及预期效益分析

（1）技术可行性

土木工程中的结构监测是光纤光栅传感器应用最活跃的领域。力学参量的测量对于桥梁、矿井、隧道、大坝、建筑物等的维护和健康状况监测是非常重要的。通过测量上述结构的应变分布，可以预知结构局部的载荷及健康状况。光纤光栅传感器可以贴在结构的表面或预先埋入结构中，对结构同时进行健康检测、冲击检测、形状控制和振动阻尼检测等，以监视结构的缺陷情况。

1992 年罗格斯大学的 Prohaska 等人首次将光纤光栅埋入混凝土结构中测量应变，开创了光纤光栅在建筑结构健康监测领域的应用。瑞典的内伦（Nellen）等人在 1997 年和 1999 年分别在卢塞恩桥预应力索线与温特图尔镇斯托克桥的两根碳纤维索上布置了光纤光栅传感器，前者可以测量碳纤维高达 8 000 $\mu\varepsilon$ 的应变值，后者和标准电阻应变计实测数据吻合很好。美国的福尔（Fuhr）于 1998 年在威努斯基河上的沃特伯里大桥的面板上埋入了 8 个光栅传感器，并探测到了 50 $\mu\varepsilon$ 的应变值。美国的乌德（Udd）等人于 1999 年在马尾瀑布桥的复合材料加固过程中布设了 28 个传感器，以备长达两年的健康监测。光纤光栅传感器特别适用于木质建筑的监测，具有较高的精度和可行性。

（2）经济效益

本平台适用范围广，可以对各类木质古建筑进行健康监测，减少因材料老化、疲劳效应、腐蚀效应、环境荷载变化及建筑被损毁和破坏造成的直接经济损失。通过对木质古建筑的信息保护，充分利用有价值的建筑信息、资料，利用平台进行信息共享，多方协同，大大降低古建筑的运营管理费用，提高工作效率。通过建立模型和记录精准的尺寸数据，形象直观地反映古建筑的真实原貌，在降低重建及复原工作难度的同时，提高信息数据的分析、解读和鉴别效率。形成的维修方案库可以快速提供适合的维修方案，并对木建筑进行优化设计，可以降低古建筑的运营维护、维修、征购等费用。另外，本平台收集得到的数据可以为相关研究提供参考信息，具有较高的经济效益。

（3）社会效益

木质古建筑既是研究历史文化的重要实物资料，又是人类文化传承的重要载体，古建筑悠久的历史赋予了其丰富的文化内涵，具有较高的科学、文化、艺术、历史价值。本项目旨在通过精准、实时的监测数据更好地为木质古建筑日常维护、维修服务，保留木质古建筑的参数信息，并对其实物状态进行保护，使具有文化内涵的木质古建筑能够传承，充分保留木质古建筑的科学、文化、艺术、历史价值，具有较高的社会效益。

3.1.4　学生作品 4：
校园建筑的 BIM 建模

课程名称：工程管理 IT 工作坊
课程类型：课程设计
报告名称：校园建筑的 BIM 建模
来源学校：华南理工大学

该实验的目标为让学生掌握使用 Revit 软件进行 BIM 建模的技巧，并使用建成的模型进行虚拟漫游。该项目为中心独立开设。为了增加实验项目的趣味性以及学生的参与感、获得感，在实验设计中，选取华南理工大学校内现有建筑作为目标建筑进行建模。实验要求为：

（1）建筑外轮廓符合华工地形图

（2）有外立面信息和部分内部信息

（3）标高、门窗样式自设（合理即可）

（4）外立面颜色渲染接近真实

实验步骤为：

（1）在华南理工大学电子地图上（如图 3.33 所示）选取目标

建筑，进行初步勘察。

图 3.33 华南理工大学电子地图

（2）结合华南理工大学电子地形图、校档案馆图纸及实地测量，给出各层平面图，生成建模勘察报告。

（3）进行结果渲染和展示：模型依次为华南理工大学建工培训楼（见图 3.34）、7 号楼（见图 3.35）。

图 3.34 华南理工大学建工培训楼模型

图 3.35 华南理工大学 7 号楼模型

学生作业节选
BIM 工作坊——华南理工大学 5 号楼

1）首层

首层建模分为外部和内部两部分。根据前期测量得到的各种数据，开始进行网格设置。网线间距根据数据，纵向设置为间隔 18 480 mm 和 11 400 mm，左右对称；横向设置为 7 820 mm 和 6 580 mm，上下对称。

外墙尺寸：按华工地形图设置，整体形状类似于"工"字，墙体下部 1 500 mm 采用 400 mm 厚大理石墙，1 500—4 000 mm 采用 350 mm 厚带砖与金属立筋龙骨复合墙。

门规格：2 100 mm×2 900 mm 双面嵌板木门（数量：1），1 500 mm× 2 100 mm 双面嵌板木门（数量：6），700 mm×2 100 mm 单扇平开木门（数量：2），900 mm×2 100 mm 单扇平开木门（数量：24），1 800 mm×2 400 mm 双面嵌板玻璃门（数量：1）。

窗规格：900 mm×1 800 mm 普通双面平开窗（数量：80），500 mm× 1 800 mm 普通单扇平开窗（带贴面）（数量：8）。

楼板规格：200 mm 厚梁和砌块楼板。

楼梯：1 200 mm×250 mm×190 mm 三跑，第一跑和第三跑阶数均为 6 阶，第二跑阶数为 10 阶。（数量：2）

休息平台：1 200 mm×1 200 mm×220 mm。（数量：2）

台阶：由于族和技术的限制，门前台阶均用 200 mm 厚楼板替代。（数量：3）

装饰：大门前设置了两棵 7.6 m 高的大齿白杨。

2）第二层

第二层的建模在第一层的基础上展开。

首先依据队友已经设定好的各层标高，按照能够找到的材质选择 37 砖墙构筑第二层的外围护结构。在此基础上布置第二层外立面门窗，由于 5 号楼外立面所用的带亮窗木门没能找到，故选择在尺寸上相近的带亮窗玻璃门，其外立面的窗户则选择与实际铝合金材质相符的铝合金普通窗。在现场勘查时我们发现，5 号楼外立面的门窗布置较为整齐，规律性很强，故第二层外立面门窗布置基本在第一层基础上进行，大多采用完全相同的大小尺寸，只是将窗离地面高度调整为 1 000 mm。而对于以下较为不同的位置：正立面三扇通往悬挑走廊的门、后视图左右两扇木门旁多出的两扇小窗，由于无法通过办公室进入走廊量测，只得采取目测的方法大致确定其与周围墙窗的偏差距离确定其位置。

其次，由于内部办公室无法进入及 5 号楼门禁阿姨的驱赶，5 号楼二层的内部布置情况只能完成隔断空间的大体布置及粗略确定门窗位置，而难以对内部空间的具体安排进行量测。所以，5 号楼二楼的内部布置重点就落在了走廊及门窗上。使用卷尺进行量测，我们发现二楼内部的门所用材质和样式一致，只是尺寸略有不同，分为 1 100 mm 宽与 1 400 mm 宽两种主要尺寸与其他两三种较为琐碎的尺寸。由于符合实际门的样式和材质的可用模组只有两种，故我们统一采用 1 100 mm 宽与 1 400 mm 宽两种尺寸的门。内部维护墙体选择一般的腻子墙，厚度取软件内设的标准值。而内部门窗位置、走廊长宽度、三跑楼梯长款等数据主要采取步测的方式取得各部分比例关系，通过华工地形图取得基本长宽数据进行计算，然后给予布置。

最后，使用线条徒手方式勾画楼板框架线，同时将二楼悬空走廊予以考虑，统一布置。其中，悬挑走廊宽度通过步测与实感设为 1 200 mm，围栏高度取 1 300 mm（二楼标高以上 1 000 mm，以下 300 mm），各段走廊总长通过各外墙边角向缩 1 000 mm 确定。

3）第三层

第三层在建立时首先在第二层的基础上建立一个楼板，但在实际添加时没找到可添加的楼板，因此删除原有三层标高重新建立，从而找到添加楼板的标高，建立楼板。在建立三楼楼板时，由于三楼与二楼之间有装饰挑檐，因此为了打基础，三楼的楼板应该比二楼楼板外围多出 150 mm 的长度，这个变化在二楼楼板外围基础上选中偏移进行调整即可。5 号楼整体是一个 H 形，两端分别是天台，中间是房间及走廊。天台的外围墙较低，由于现场勘查时的时间限制和工具限制，从外围目测估计，天台墙体高度大致到三楼外围窗户的下边沿，而走廊的外围墙及内部墙则分别以三层标高和屋顶标高为限制条件创建。建完墙体，三楼大致成型，接下来则是门窗位置的摆放。经过目测，两个天台的门窗（即天台与走廊界限那堵墙，有一个门及两个窗），可通过天台宽度的砖数及门窗对应的砖数，算出相应的位置比例，从而确定门窗位置。走廊道上的房门较多，利用工具进行测量也容易影响办公人员，要确定房门的位置只能通过目测及估算。确定房门位置主要采用参照物法、目测法、数砖法。参照物法主要是将走廊两侧的房门进行比对，将房门与楼梯位置进行比对；目测法是一个十分粗略的视线估计，需与其他方法进行结合；数砖法主要是针对走廊其中一侧房门与房门间墙壁下沿贴着的装饰砖，根据数砖的块数，进而进行比对。外墙窗户的摆放，既无法近距离（无法进入办公室）勘察，也无法在外围进行卷尺测量，确定难度也较大，只能通过参照物法，即与二层的窗户进行一定的参照。另外，根据目测保守假设 5 号楼三层正面外围窗左右对称，背面十个外围窗均布放置，这两个假设可以让三楼外围窗摆放更为顺利。三层门窗的材料及尺寸可根据一二层的材料及尺寸确定，尽量保持一致。

4) 屋顶及其他构件

（1）屋顶

① 构建思路：由于五号楼为古建筑屋顶，屋面覆盖砖瓦，所以采用迹线屋顶或拉伸屋顶难以完美地展现古建筑屋顶的外观。故采用内建体量的方式，通过自己动手构建屋顶模型，并转化为屋顶结构导入主模型中。

构建模型的具体步骤如下：测量定位部分屋顶关键点面尺寸及位置确定➡通过关键点面构建屋顶近似轮廓并调整➡体量转化为屋顶构件➡屋面砖瓦装饰➡屋顶定位放置。

② 尺寸确认：由于缺少测量屋顶尺寸的工具，故对屋顶采用以前人测量的数据模型及目测相结合的方式进行测量。通过从前辈用 SketchUp 画的

五号楼模型中直接使用 SketchUp 中的尺寸测量工具，测量屋顶几个关键节点的尺寸数据，以达到确定屋顶尺寸及轮廓的目的。具体选取的测量点包括：将屋顶分为上下两部分，上半部分侧面为墙体，下半部分全部为屋顶。上下两部分各在竖直方向取等间距 4 个平面矩形，测量其水平位置及其标高。

③ 关键点面放置：通过测定的各个特征点的水平及竖直方向位置确定所需要的轴网及标高。

④ 屋顶轮廓构建：首先采用体量构建功能，在事先确定好的标高及轴线位置绘制各个屋顶界面，具体为符合矩形轮廓的矩形及屋脊。然后通过构件实心图形的功能，通过各个特征点面完成屋面大概轮廓构建，并通过轮廓修改进行微调。

⑤ 体量转化屋顶构件：通过体量中的面模型功能，将屋顶曲面选中并转化为屋顶构件，并将屋顶曲面两侧的立面转化为墙构件，即完成了整个屋顶构件的结构绘制。

⑥ 屋面装饰：通过幕墙系统将已构建的屋面模型划分为网格状，通过沿竖向网格线放置竖梃，将竖梃的外观及材质更改为瓦片设置，并更改着色即可完成屋顶瓦片放置。

⑦ 屋顶放置：通过复制粘贴即可完成。但由于在粘贴的过程中，系统默认选中的参照点并非屋顶中心，故要在屋顶中线划线确认中心参照点，以方便屋顶在放置中的定位。

⑧ 难点：尺寸测量及特征点放置非常困难，即便采用 SketchUp，由于不熟悉软件，且屋面是曲面，在已有模型上进行等分操作，特征点选取十分困难。故要采用目测估算相结合的方法。同时之后要对不合理处进行调整，工作量较大。

屋面装饰非常耗费时间，由于要在屋面放置大量的竖梃，操作过程虽然不难，但实际操作受到硬件约束，进度非常慢。

（2）室外台阶

① 构建思路：由于五号楼室外台阶近似于散水构造，为围绕整个五号楼的轮廓，采用直接输入数据的楼梯难以完成台阶构建，故采用楼板替代的方式。

构建模型具体步骤如下：测定不同位置的台阶厚度及其轮廓➡确定立面标高及轴网位置➡放置楼板并调整其尺寸轮廓以达到要求效果。

② 立面标高即轴网确定：根据首层台阶确定水平轴网位置，为楼板放置提供参照物。根据顶层台阶标高确定第一个台阶标高，之后通过复制平移的方式，将首层台阶标高每次向下偏移一个台阶厚度的长度，以确定其他台阶的标高。

③ 放置楼板：在底层台阶标高处创建工作平面，并在此平面中沿标记好的台阶轴线放置楼板，完成底层台阶绘制。之后将底层台阶复制粘贴到其他台阶的标高处，并根据台阶踢宽修改其外轮廓，完成其他层台阶的绘制。期间需要特别注意修改楼板厚度，以使台阶满足实际台阶厚度。

④ 难点：

不同台阶的衔接：由于台阶厚度、层数及轮廓不同，如正门入口处台阶高度为 100 mm，共四层，而其他台阶厚度为 200 mm，共两层，在不同台阶衔接处需要特殊处理。在衔接处需要将不同尺寸厚度的台阶轮廓线断开，分开布置。

楼板厚度：由于楼板是在建筑平面内放置的，即同一楼层平面内的楼板厚度在系统默认的放置方式下是保持相同厚度的。所以如果直接放置后改变室外楼板厚度会导致室内的楼板厚度也一起改变。

可以采用两种方式：①从地面标高向下绘制台阶，即从负标高处开始绘制至地面标高处，既可避免影响建筑内部楼板厚度，同时可避免对门窗的遮蔽问题；②采用外加构件的方式。

（3）立柱

① 构建思路：立柱构建相对简单，由于可以采用导入族的方式完成柱绘制，思路相对清晰，只需要确认尺寸并定位，然后导入构建放置即可。由于过程较为简单不做复述。

② 难点：基本没有难点，注意确认柱间距、柱子宽度与高度即可。柱子中心位置通过轴网确认。

华南理工大学 5 号楼模型成果渲染图如图 3.36 所示。

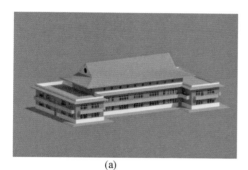 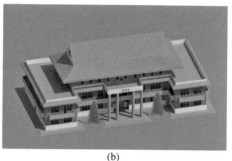

(a)　　　　　　　　　　　　　(b)

图 3.36　华南理工大学 5 号楼模型成果渲染图

3.1.5 学生作品 5:
校园绿色建筑评价

课程名称：工程管理 IT 工作坊
作品类型：课程作业
报告名称：校园绿色建筑评价
来源学校：华南理工大学

随着"十三五"提出加快建筑信息模型在工程行业的应用，BIM 技术与建筑节能的结合——Green BIM 已是大势所趋，在 BIM 软件中建立的模型可直接导入绿色建筑分析软件中进行相关研究，为能耗分析提供了便利。在软硬件的技术支持下，BIM 技术与能耗分析完美契合，BIM 技术成为建筑能耗分析的重要工具。

为此，中心设立针对校园建筑的绿色建筑分析课程。课程的步骤如图 3.37 所示：

第一步文献综述包括对理论背景进行了解与初步掌握，为之后案例研究打下理论基础。具体来说，文献综述首先对背景进行阐述，加深理解当今建筑能耗对国家、经济、能源的影响；然后，通过对 BIM 技术与建筑能耗模拟软件的综述，确定相应建模、模拟软件。

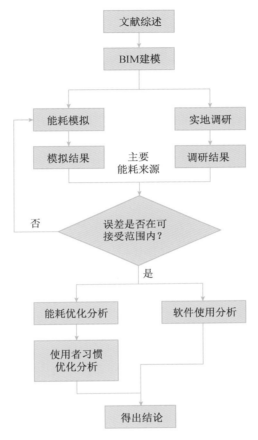

图 3.37　课程步骤流程图

　　第二步为 BIM 建模。采用 Autodesk Revit 进行研究对象建筑建模。Revit 作为 BIM 建模领域领先软件之一，具有强大的建筑、结构、管线建模功能，能够较为逼真地还原案例建筑的真实状态，保证了准确性。

　　第三步利用不同能耗模拟软件对目标建筑进行能耗模拟。基于利用 Revit 建立完成的模型，通过不同的格式分别导入 Ecotect、eQUEST、Green Building Studio 中，经过天气参数与费率等设置，各软件输出其对案例建筑能耗的模拟结果——能耗来源。

　　第四步实地调研实质上与第三步同时进行。引导学生采用问卷调查、实地调研、资料收集等方式获取目标建筑在某一时间段内真实的能源消耗情况，并对建筑使用者在能源使用习惯上进行探访；实地调研所获取的该建筑真实能耗结果将用于与软件模拟结果进行校验模拟比较，验证软件输出结果的准确性。若模拟结果误差在可接受范围内即可继续下一步研究，两者间差距较大无法接受时则要求重新对目标建筑进行能耗模拟。

第五步为本课程的重点兼难点。首先，在与真实数据相比最终获得的准确模拟结果中，学生挑选其中主要能耗来源进行能源优化分析，设计出该建筑最佳能源方案。目标建筑的能源优化设计主要通过 Green Building Studio 生成不同的替换方案，从中选择最优者。其次，在第四步的基础之上，挑选出能耗情况相近的两个房间，结合实地调研中对人员使用习惯的调查结果，利用 eQUEST 对这两个房间进行人员能源使用习惯对能耗影响的分析。再次，完成上述所有任务后，对能耗模拟软件进行比较评价。最后，得出优化设计方案和软件使用建议的结论。

部分成果：成果分别为 Ecotect 界面中的 3D 模型（见图 3.38）、eQUEST 分类能耗图（见图 3.39）。

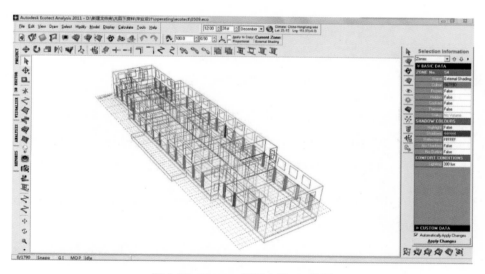

图 3.38　Ecotect 界面中的 3D 模型

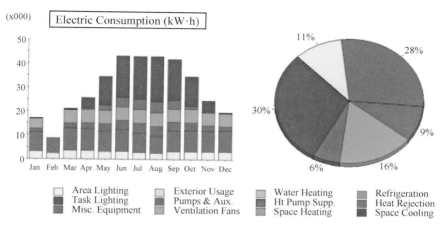

图 3.39　eQUEST 分类能耗图

3.1.6 学生作品6：
BIM 支持的施工模拟

课程名称：工程管理 IT 工作坊
作品类型：课程作业
报告名称：BIM 支持的施工模拟
来源学校：华南理工大学

本实验的目标是基于 BIM 技术和虚拟现实系统模拟典型的施工过程，如悬挑模板、滑膜提升系统等。为实现本实验的目标，且在保证实验的准确性和全面性的前提下，将实验内容分为五个部分：文献研究与施工技术规范学习、型钢悬挑式脚手架设计、项目 BIM 建模、施工过程模拟、虚拟现实仿真研究。如图 3.40 所示。

第一步：文献研究与施工技术规范学习。对本课题涉及的 BIM 技术和虚拟现实技术进行研究综述，使学生了解两种技术手段应用于本课题的可行性。施工技术规范学习则使得学生掌握设计规范、施工要求等内容，为后续的建模实现建立基础。

第二步：进行必要的分析、计算、设计，如图 3.41、图 3.42 所示。在掌握设计规范要求的基础上，对选型、布置、时间轴等内容进行设计，并依照规范要求，对所设计的施工流程进行承载力校验。

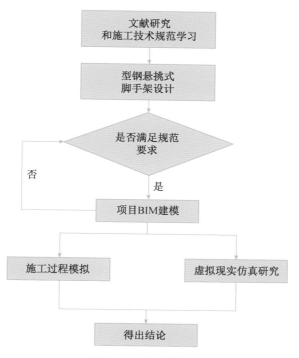

图 3.40 实验流程图

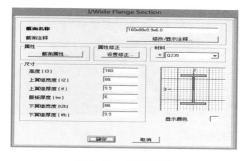

图 3.41 截面设计

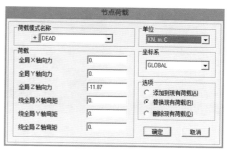

图 3.42 荷载布置设计

第三步：项目 BIM 建模，如图 3.43 所示。考虑到可行性以及对后续工作的便利性，选用 Autodesk Revit 作为建模软件，Revit 作为 BIM 最常用的建模软件之一，具有强大的建筑、结构建模功能，能够充分还原并反映不同工程的真实状态，能够保证项目模型的准确性。

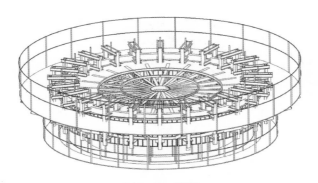

图 3.43　建模

第四步：施工过程模拟。选用 Autodesk Navisworks 作为施工模拟软件，结合使用软件中的 Timeliner 和 Animator 功能，对施工过程进行仿真模拟，如图 3.44 所示。

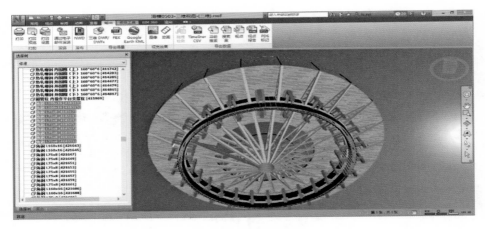

图 3.44　施工过程模拟

第五步：虚拟现实仿真研究，如图 3.45、图 3.46 所示。利用实验室条件，使用 ideaVR 软件进行模型编辑，对施工重、难点进行交互设计，充分实现针对典型工艺流程的施工模拟。

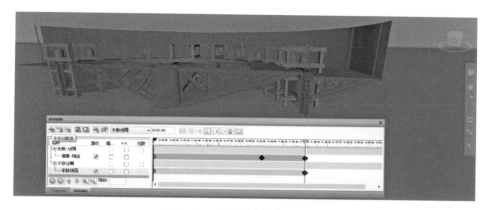

图 3.45 虚拟现实仿真研究(a)

图 3.46 虚拟现实仿真研究(b)

3.1.7 学生作品 7：
某幼儿园的建筑方案
衍生式设计优化

课程名称：工程管理 IT 工作坊
作品类型：课程设计
报告名称：某幼儿园的建筑方案衍生式
设计优化
来源学校：西南石油大学

1）项目概况

衍生式设计优化：选择某一典型场景（办公空间布局、逃生疏散等），自定优化目标，采用 Dynamo、Refinery 插件或其他工具，进行衍生式设计优化。

相关内容包括：体块方位分析，房间平面布局，太阳能板设置，室内平面布局，逃生疏散路径分析。

2）体块方位分析

设置建筑体块长、宽、高度及倒角，定义楼层面积、总面积、建筑空间，设计可量化目标：楼层面积/总面积（max）；建筑空间/总面积(max)。迭代生成模型。

体块方位分析(如图 3.47 所示)步骤如下：自动生成建筑体块模型；由随机化生成的结果可以进行方案比选(各优化指标、建筑外形)；可通过过滤器进行方案筛选；确定方案后可视化呈现(可由三个体块模型简化到单个体块)。

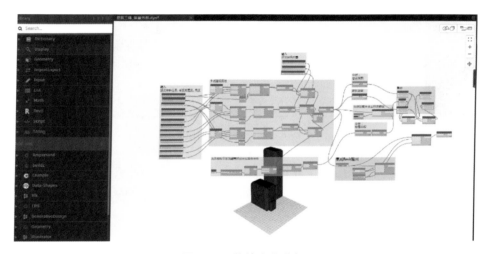

图 3.47　体块方位分析

设置建筑体块在街区的位置，定义建筑红线(约束)；定义视线及每层楼的可见性；设计可量化目标——可贯穿的视线数量(max)，可见面积(max)；迭代生成模型。

自动生成建筑在街区的方位，随机化生成结果以筛选方案，确定方案后可视化呈现。

3) 房间平面布局

房间平面布局设计如图 3.48 所示。需求分析和概念设计如下：

用户需求：足量的教学空间与办公空间，开放的室内玩耍空间，方便的楼内交通。

设计思路：宽敞的教室与办公室，室内娱乐空间与走廊相互结合，设置电梯、较大的楼梯，满足不同人群的出行需要。

特点如下：具有实用性、美观性，封闭空间有交流，开放空间有整体。

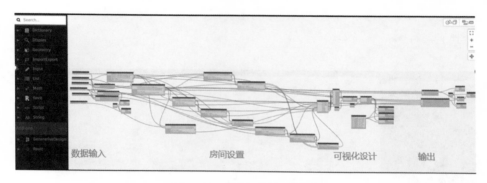

图 3.48　房间平面布局设计

设置输入范围、约束、最优化目标。ACT：活动面积；EFF：有效面积；ADE：活动面积/有效面积；楼梯限制：一跑楼梯的宽度；活动室：活动室与教师办公室的总面积。

多方案比选，如图 3.49 所示，选择最适布局。

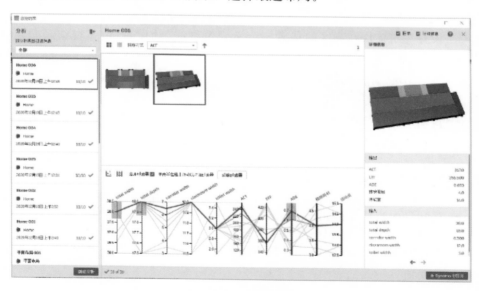

图 3.49　多方案比选

4）太阳能板设置

光照分析需求：基于绿色、环保、节能的现代建筑理念，越来越多的建筑增设了太阳能板发电装置；光照分析也通过 BIM 发挥其作用，帮助设计者计算最佳的太阳能板设置。

优化目标：为最大化太阳能板的利用率，使用衍生设计对太阳能板的方位角及平面角进行优化，使得在全年中得到的日照量最大化，保证太阳能板的工作效率。

选用 Dynamo 中的 Solar Analysis 模块作为核心，对太阳能板进行分析：

（1）位置信息选取北京作为分析实例；

（2）生成太阳能板作为模拟对象；

（3）根据位置信息生成模拟日照源；

（4）设置模拟参数。

将 Solar Analysis 分析结果作为衍生设计的优化目标，找出最大的光照量以及平均日照量，从而选取最佳的方位角及平面角。

太阳能板大小：170 cm×100 cm。

位置信息：北京(40°N，116°E)。

模拟时间：2019 年 1 月 1 日至 2019 年 12 月 31 日。

方位角：太阳能板表面法线与正北的夹角。

平面角：太阳能板表面与地平面的夹角(0—60°)。

结果分析：当方位角为 255°，平面角为 40°时光照量最大，如图 3.50 所示。

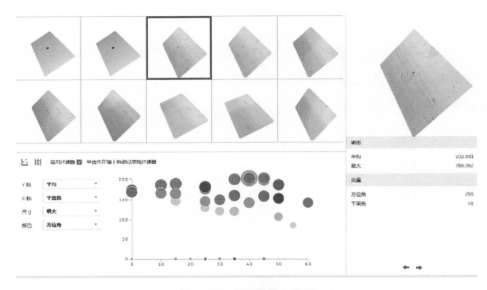

图 3.50　光照量最大结果

结果分析：当方位角为 270°，平面角为 40°时平均日照量最大，如图 3.51 所示，平面角分析一致，方位角有一定偏差。

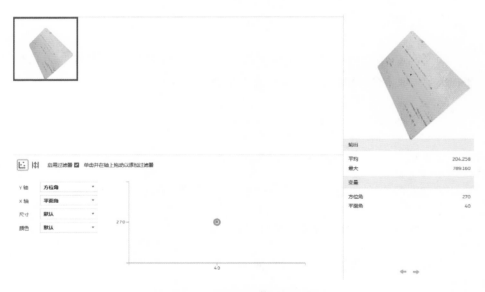

图 3.51　平均日照量最大结果

结果分析：在此次案例中，经最终分析后可采用平面角 40°，方位角可取两种分析方法的平均值 260°，为西南方向，与实际生活经验大致相符。

算法仅考虑了全年天气信息对太阳能板方位的影响，其他因素如树木遮挡等未进行考虑，改成将环境信息融入模型中，进行统一分析。

未对实际能量转化进行相关计算，无法直观地展示实际发电量。

改成使用 BIM 创建太阳能板实际图源信息，运用 EMP 模块将太阳能板发电纳入设计中。

5）室内平面布局

使用 Dynamo 中平面布局设置的衍生式设计，使用随机生成（Randomize）的方式获得 50 个方案，根据需要从中选择合适的一个。

设置思路：有一定的桌椅数量，在满足基本的使用外，保证教室里有足够空余的空间，各位置到出口（教室门）的平均距离最短，保证安全和通行方便。

筛选步骤有以下三点需要考虑：保证书桌数量不是太小；尽量选择到出口距离较小的方案；选择桌子的旋转角度，尽量平整。

6）逃生疏散路径分析

Dynamo 程序以及流程图：输入、处理平面、网格划分、直线路径和计算输出。

处理平面：筛选出流通区域并得到用于计算疏散路径的平面。

设置障碍：将模型中的墙体设置为不可通过的障碍。

网格划分：根据传入的分析区域网格精度，在用于计算疏散路径的平面上划分网格。

7）总结与反思

改进思路：

集成代码，整合子功能，形成统一接口；利用开源地图数据生成建筑体，增加实用性；考虑更复杂的平面，甚至考虑非平面；考虑更多的约束、优化目标与自变量进行更好的可视化表达。

3.2 竞赛项目

3.2.1 作品 1：智能建造与管理创新模式下工程大数据决策体系研究——以三亚崖州湾科技城为例

> 竞赛名称：第七届全国高校 BIM 毕业设计创新大赛
>
> 作品名称：智能建造与管理创新模式下施工管理决策体系研究

1）内容实施过程

三亚崖州湾科技城大学城深海科技创新公共平台项目是推进海洋强国、加快推进海南自由贸易试验区的先导性项目。具有建设标准复杂、施工技术精益、运维管理范围广泛、智能化服务高等特点，在科技创新层面上具有重大研究意义。

项目总用地面积为 82 657.27 m^2，总建筑面积为 176 100 m^2，其中，地上建筑面积为 128 100 m^2，包括综合实验区域 97 700 m^2、学术交流中心及配套设施 30 400 m^2、地下建筑面积为 48 000 m^2，项目位置如图 3.52 所示。

任务流程主要分为三个阶段。

产学研组团　　　　　　　　酒店

图 3.52　项目位置

第一阶段：选题并完成开题报告。主要包括：选取工程案例、整理图纸资料；编写开题报告一份；开题答辩 PPT 一份并对开题报告进行解读，录制视频；数字项目管理平台各模块学习讲解视频，主要是对于 BIM5D＋智慧工地数据决策系统的学习。

第二阶段：中期实施验证并编写中期报告一份。主要包括：广联达 BIM5D＋智慧工地数据决策系统界面设计报告；中期答辩 PPT 一份并对中期报告进行解读，录制视频；智慧工地中工程物联网智能设备采集的数据文件并录制讲解视频。

第三阶段：成果展现。主要包括：编写毕业论文；毕业论文答辩 PPT；创新技术的应用成果文件（自动排砖报告、火灾疏散模拟报告）；解读毕业论文 PPT 并录制视频。

2）应用价值及软件体系支撑

（1）立足工程建造行业现状，以工程需求为切入点，补足工程建造机械化、自动化方面的短板，切实推进工程建造的数字化变革。在逐步提升工程建造整体效率的同时，有序推进工程建造自动化、数字化、智能化、智慧化的协调发展。

（2）BIM5D＋智慧工地数据决策系统将现场业务系统和硬件设备集成到一个统一平台，并将产生的数据汇总、建模形成数据中心，为项目打造一个智能化"战地指挥中心"。

（3）通过指挥工地数据决策系统配合指挥工地虚拟实践系统，进行智慧工地的业务及新技术的应用的学习和认知，通过选取三亚崖州湾科创城学术交流中心项目，明确智慧工地和相关新技术的应用方向和内容，以数字化手段呈现智慧工地智能设施设备的业务原理、使用状态、运行信息以及对数据的分析和应用。

3）重难点及成果亮点

基于项目的数字化技术全过程服务，协调控制与优化管理，为项目实施保驾护航，如图 3.53 所示。

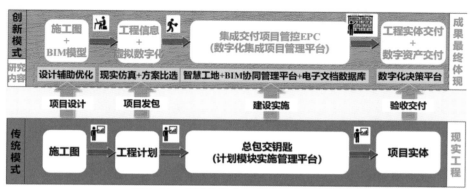

图 3.53　项目的数字化技术全过程服务

1＃海洋新材料实验室；2＃南海多类型样品与海洋天然药物研发实验室；3＃海洋智能装备与航运大数据公共服务平台；4＃海洋材料与工程公

共服务平台；5♯南海海洋环境模拟实验室；6♯深海多参数环境模拟实验室；7♯海洋岩土离心和聚波测试公共平台；8♯深远海立体观测网信息服务中心；9♯海南热带海洋生物资源保护实验室；10♯11♯报告厅、学术交流中心及配套。总体建筑效果图如图 3.54 所示。

图 3.54　建筑效果图

整体结构特点：结构超长；大跨度、大悬挑；大体积水池。

各单体结构体系特点如表 3.7 所示。

表 3.7　各单体结构体系特点

	结构高度(m)	平面形状	结构体系	建筑特点
1♯	39	矩形	钢筋混凝土框架	大跨度
2♯	39	矩形	钢筋混凝土框架	大跨度
3♯	40	矩形	钢筋混凝土框架	大跨度
4♯	55	矩形	钢筋混凝土框架	首层带桁架转换，最高单体
5♯6♯	20	近似矩形	钢筋混凝土框架	下有水池、大跨度
7♯	20	矩形	钢筋混凝土框架	大跨度
8♯9♯	39	近似矩形	钢筋混凝土框架	大底盘双塔
10♯	24	狭长环带	钢筋混凝土框架	长度较长、大悬挑
11♯	约18	椭圆	钢筋混凝土框架	大悬挑、大跨度

学术交流中心交流环采用超大尺寸悬挑钢结构、武汉理工大学7♯楼首层顶采用大跨度钢桁架结构转换层，超大尺寸钢结构吊装施工质量及精度控制难度较大(施工仿真)。

离心机内径达 9 200 mm，圆形室内径尺寸大，内壁平整度要求小于 2 mm，施工精度要求极高(施工模拟)。

上海交通大学5♯南海海洋环境模拟实验室中设置有超长海洋深水试验池，结构超长达 110 m，超长水池的整体防腐、抗裂、防水、抗震是本工程施工管理的难点(施工交底)。

机电管线碰撞冲突、交流环项目提升方案智能比选、钢构件安全性分析、钢结构智能拼装、火灾疏散逃生等是本工程施工管理决策的重点(施工数字化应用)。

本项目涉及的结构难点有：①学术交流中心交流环采用超大尺寸悬挑钢结构。②7♯楼首层顶采用大跨度钢桁架结构转换层，超大尺寸钢结构吊装施工控制难度较大。③5♯、7♯楼首层有大型设备，要求基坑承载力可靠。

本项目涉及的大型实验装置有：①7♯海洋岩土离心和聚波测试公共平台——大型离心机和聚波测试装置；②6♯深海多参数环境模拟实验室——超大型深海压力模拟器、全海深深海环境模拟器；③5♯南海海洋环境模拟实验室——深水试验水槽(长 110 m，宽 6 m，净深 6 m，水深 5 m)。

解决方案：①将 BIM 技术应用于本项目钢结构深化设计中的节点设计、预留孔洞、预埋件设计、专业协调工作；②在钢结构深化设计 BIM 应用中，可基于施工图设计模型和设计文件、施工工艺文件创建钢构深化设计模型，完成节点深化设计，输出工程量清单、平立面布置图、节点深化图。

学术交流中心重难点分析：①交叉施工、相互制约；②构件多、焊接量大、焊接要求高；③构件超长、二次拼接量大；④斜交网格安装精度要求高。

技术手段：①BIM 技术辅助施工；②空间坐标转换技术；③创新型操作平台；④上胎构建微调技术；⑤科学定制拼装顺序。

解决方案：①为解决土建与钢结构交叉施工的问题，确保工期满足并行流水施工组织设计的要求，对施工工序进行精确排布，建立项目施工进度仿真模型，综合考虑施工现场各项影响因素，最终确定钢结构平台随土建施工进度分三段施工。②项目应用 BIM 技术辅助施工，在加工前，采用 Tekla Structures 建模，准确采购原材。在施工过程中，项目将 25 000 余个构件逐一标记，对每一个构件的下料加工、焊接、打砂喷漆、发货运输，动态掌控现场安装状态。③本工程多为空间异形杆件，定位安装难度大，现场采用空间坐标转换技术，将三维坐标化为二维坐标，通过测量平面上两个方向的距离，对空间异形构件进行精准定位。

项目下部为混凝土结构，上部为钢结构，整体结构平面呈 U 形，结构形式为核心筒＋大跨度架空双曲面桁架结合钢结构，总重量为 3 325 t，含有 112 个异形对接口的空间双曲面箱形桁架，采用 28 台提升器同步加载整体提升。作为海南自贸港首个 U 型钢结构工程，一举创下三项"海南省之最"：重量之最、跨度之最、非闭合钢结构之最！

图 3.55　决策平台

搭建三亚崖州湾科技城数据决策平台，如图 3.55 所示，以交流环项目为研究内容，设置劳务、技术、安全、智能建造等多个模块，以提高工作效率、减轻管理负担、进行管理创新为目标，切实满足项目管理者对建造过程的智能化管理需要，形成以业务数据为基础，施工过程可视化的数据决策系统。

大型钢结构提升方案智能决策：在提升方案优选时，以 CBR 理论为指导，结合深度学习技术辅助交流环提升方案的智能化决策，如图 3.56 所示。将施工需求与案例库中的提升方案进行匹配，筛选出符合需求的提升方案，通过生成式对抗网络和强化学习对提升方案进行修正和进一步筛选，最终选定以整体提升法进行钢结构提升。

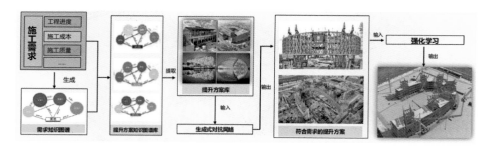

图 3.56　提升方案智能决策过程

为保证钢结构在满足设计要求和施工质量的基础上，对构件在外力作用下的内部状态进行有限元分析，根据 X、Y、Z 三个方向上的位移数值验证各提升点应力数值，以校核钢结构的安全可靠性，避免造成重大安全事故，以做好施工安全管理决策的工作。

交流环采用超大尺寸悬挑钢结构、大跨度钢桁架结构转换层，建筑高度 24 m，外环长度 372 m，内环长度 294 m，内外环最小间距 15 m，最大跨度 48 m，吊装过程中施工质量及精度控制难度较大。

应用 BIM 技术辅助施工，在加工前采用 Tekla Structures 建模，准确采购原材料。对于钢结构的加工环节，将 25 000 余个构件逐一标记，精确到每一个构件的下料加工、焊接、打砂喷漆、发货运输，动态掌控现场安装状态。

如图 3.57 所示，斜交网格桁架整体为半圆弧形，由两侧向中间曲率逐步加大，在安装过程中，通过散件拼装与小拼单元安装相结合的方式，逐步消除累计误差，提高安装精度。

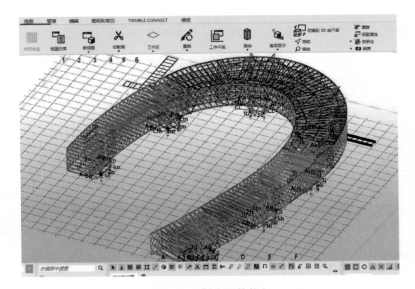

图 3.57 斜交网格桁架

钢结构安装与土建施工相互制约，为优化项目施工方案，采取高空车＋吊笼＋抱柱式钢结构安装平台相结合的方式，代替传统的满堂脚手架，在保证施工安全、较少使用场地的前提下，为钢结构安装提供了充足的操作空间。

本工程多为空间异形杆件，定位安装难度大，现场采用空间坐标转换技术，将三维坐标转化为二维坐标，通过测量平面上两个方向的距离，对空间异形构件进行精准定位。

安装过程中采用可调节式拼装胎架，将 372 m 的桁架下弦在胎架上整体拼装，对下弦的平面位置及安装标高进行微调，确保曲形桁架的安装精度。

将 BIM 技术应用于本项目钢结构深化设计中的节点设计、预留孔洞、预埋件设计、专业协调等工作，在钢结构深化设计 BIM 应用中，可基于施工图设计模型、设计文件和施工工艺文件创建钢构深化设计模型，完成节点深化设计，输出工程量清单、平立面布置图、节点深化图。

钢结构网架结构与设备的碰撞检验空间优化方案：对项目大型钢结构网架体系进行数字化建模，生成施工级深化模型；对空间进行分析，与未来吊顶位置安装设备部分进行碰撞检验，生成碰撞报告；对大型钢结构网架系统的吊装方案进行数字化施工模拟、科学合理排布及空间测量分析。

三亚崖州湾项目作为共享开放式大学城、公共教育平台和深海科技产学研基地，除各高校研发孵化基地外，还包含学术交流中心等公共服务设施，人口密集，区域较多，运用逃生模拟分析软件对建筑的 BIM 模型进行系统性分析，加载逃生路径和设置疏散人数并进行模拟仿真。

开发基于 BIM 和大数据的火灾应急管理系统，利用 BIM＋IoT 技术集成多个传感器数据信息对建筑内部运行状况进行实时监测，便于运维管理者查看建筑内部火灾发生地及当前人流分布，合理规划人员疏散逃生路线。

3.2.2　作品2：数字智能化施工管控的三亚科技城钢结构工程应用研究

竞赛名称：海南省首届 BIM 技术应用大赛

作品名称：数字智能化施工管控的三亚科技城钢结构工程应用研究

1）工程概况

三亚崖州湾科技城大学城深海科技创新公共平台项目是推进海洋强国、加快推进海南自由贸易试验区的先导性项目。具有建设标准复杂、施工技术精益、运维管理范围广泛、智能化服务高等特点，在科技创新层面上具有重大研究意义。

项目总用地面积为 82 657.27 m²，总建筑面积为 176 100 m²，其中，地上建筑面积为 128 100 m²，包括综合实验区域 97 700 m²、学术交流中心及配套设施 30 400 m²、地下建筑面积为 48 000 m²，各部分用地情况如图 3.58 所示。

项目学术交流中心下部为混凝土结构，上部为钢结构，整体

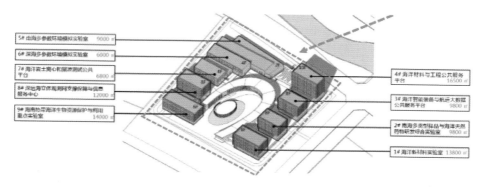

图 3.58　项目用地

结构平面呈 U 形，结构形式为核心筒＋大跨度架空双曲面桁架结合钢结构，总重量为 3 325 t，建筑面积约为 2.26 万 m²，创下海南省重量之最、跨度之最、非闭合钢结构之最！

10♯学术交流中心采用超大尺寸悬挑钢结构、大跨度钢桁架结构转换层，建筑高度 24 m，外环长度 372 m，内环长度 294 m，内外环最小间距 15 m，最大跨度 48 m，吊装过程中施工质量及精度控制难度较大。

项目重难点：

（1）构件超长，二次拼接量大，常规运输车辆载货量最长为 17 m，但本项目平台主钢梁为 18—28 m，因此几乎所有钢梁都需要现场二次拼接。

（2）斜交网格安装精度要求高。斜交网格为双曲面结构形式，导致每个构件、每个节点均具有独特性，相互之间不可替代，且每个节点都带有弧度。因此，对加工制作和现场安装的精度控制水平考验极大。

（3）构件多，焊接量大，焊接要求高。钢结构总构件数量多达 7 000 余个，焊缝数量约 1.5 万条，焊缝长度均 1.6—3.8 m，焊缝深度 16—80 mm。焊接质量要求均为一级焊缝。

（4）交叉施工，相互制约。地下室钢梁钢柱与土建交叉严重，相互制约，每一步施工均需循序渐进，土建和钢构配合必须高度默契，施工进度方可顺利进行。且地下室土建施工完全制约着上部钢结构施工。

2）项目实施

三亚崖州湾钢结构交流环主要由 7 个核心筒单元（每个核心筒单元由 4 个直径 1 100 mm 或 1 000 mm 圆钢柱组成）、平台梁、两侧网格桁架组成，如图 3.59 所示。钢结构提升的规模和难度都很大。

图 3.59　三亚崖州湾钢结构交流环

针对学术交流环钢结构提升方案，以大数据智能采集技术为支撑，以提高工作效率、减轻管理负担为目标，以业务数据为基础，通过对该项目的基本数据、业务数据、空间数据、BIM 数据以及各种钢结构提升方案的数据进行采集、分类、清洗、融合，进行推优决策。其推优原则为：标准化、规范化；科学性、合理性；完备性、完整性。

最终选择整体提升法作为三亚崖州湾科创城学术交流中心钢结构的提升方案进行施工。

钢结构提升采用整体提升法。钢结构提升单元在其安装位置的投影面正下方地面上拼装成整体提升单元；利用钢管混凝土柱设置上吊点；安装液压同步提升系统设备，包括液压泵源系统、提升器、传感器等；在提升单元屋面层杆件与上吊点对应的位置安装提升下吊点临时吊具；在提升上下吊点之间安装专用底锚和专用钢绞线；调试液压同步提升系统，如图 3.60 所示。

整体提升范围为 3 层至屋面层之间的桁架以及联系杆件，此部分钢结构

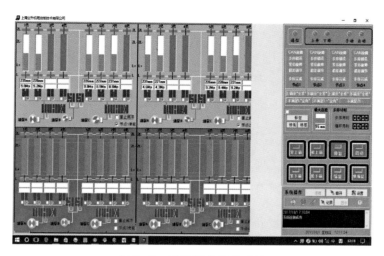

图 3.60 液压同步提升系统

最大安装标高为＋23.400 m，提升高度约 10 m，提升总重量约为 3 325 t。对于钢结构的质量问题，本项目通过建立钢结构整体提升施工数值模拟和虚拟仿真等措施应用，以保障钢结构在施工中的合理性、安全性、可靠性。

提升时，支承结构最大应力比为 0.80＜1.0，最大抗剪比 0.99＜1.0，满足规范要求。

核心筒结构最大应力出现在钢管混凝土柱上，未考虑内部混凝土的情况下，其应力比为 0.47＜1.0，满足要求。

根据施工方案、荷载和边界条件，选取提升阶段关键的施工过程作为计算工况。

因桁架悬挑过长，桁架整体提升需设置临时加固杆，选用的临时加固杆规格为 HW300×300×10×15。临时加固杆与原结构进行焊接，焊接强度同原结构杆件焊接强度(材料材质均为 Q355B)。经计算，180 t 下吊具节点最大应力为 329 MPa(开孔位置)，其节点大部分应力在 295 MPa 以下，最大变形为 0.60 mm。整个计算模型符合设计要求。285 t 下吊具节点最大应力为 380 MPa(开孔位置)，其节点大部分应力在 295 MPa 以下，最大变形为 0.70 mm。整个计算模型符合设计要求。

通过 BIM 虚拟仿真技术对钢结构施工进行模拟，能够及时调整钢结构中的碰撞点，以保证构建安装的准确性。精确采购原材料用量，以期实现优化施工资源、保障施工技术交底等关键工作。

应用 BIM 技术辅助施工，在加工前采用 Tekla Structures 建模，准确采购原材。在施工过程中，项目将 25 000 余个构件逐一标记，对每一个构件的下料加工、焊接、打砂喷漆、发货运输，动态掌控现场安装状态。

钢结构网架结构与设备的碰撞检验空间优化方案：对项目大型钢结构网架体系进行数字化建模，如图 3.61 所示，生成施工级深化模型；对空间进行分析，与未来吊顶位置安装设备部分进行碰撞检验；对大型钢结构网架系统的吊装方案进行数字化施工模拟，如图 3.62 所示，避免施工过程中可能出现的"错、漏、碰、缺"问题，确保钢结构在提升过程中的质量，从而提高项目的生产效率和施工管理水平。

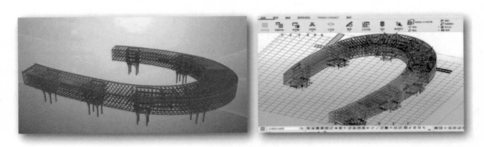

图 3.61　数字化建模

图 3.62　数字化施工模拟

斜交网格桁架整体为半圆弧形，由两侧向中间，曲率逐步加大，在安装过程中，通过散件拼装与小拼单元安装相结合的方式，逐步消除累计误差，提高安装精度。

项目研发的一种可调节式拼装胎架如图 3.63 所示，372 m 的桁架下弦在胎架上整体拼装，该胎架可对下弦的平面位置及安装标高进行微调，保证了曲形桁架的安装精度。

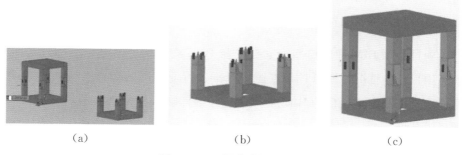

（a）　　　　　　　　　（b）　　　　　　　　　（c）

图 3.63　可调节式拼装胎架

将 BIM 技术应用于本项目钢结构深化设计中的节点设计、预留孔洞、预埋件设计、专业协调等工作，在钢结构深化设计 BIM 应用中，可基于施工图设计模型、设计文件和施工工艺文件创建钢构深化设计模型，完成节点深化设计，输出工程量清单、平立面布置图、节点深化图，如图 3.64 所示。

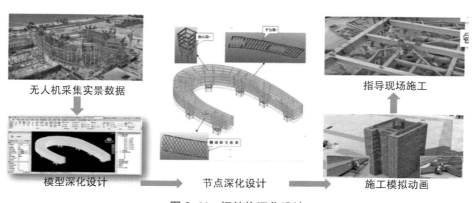

无人机采集实景数据　　　　　　　　　　　　　　　指导现场施工

模型深化设计　　　　　　　节点深化设计　　　　　　施工模拟动画

图 3.64　钢结构深化设计

3）BIM 应用及效果

三亚崖州湾科技城钢结构项目，基于各个阶段专项设计 BIM 模型，完成包括但不限于多专业综合、关键方案比选、可视化模拟、设计深化、钢结构等各项 BIM 方案优化，使得该项目至少完成 20 项专项方案优化，避免设计变更和返工，累计节省成本至少 800 万元。

项目利用 BIM 技术与现场施工相互配合，助力解决了因现场工人短缺而施工难以开展的困难，提升 20％的施工效率，减少 50％以上的无效变更，减少时间与资源的浪费，有效缩短了建设工期。

项目参照 BIM 建筑模型国家标准与 BIM 交付模型国家标准进行建模，针对项目具体情况，BIM 团队在国家标准、行业标准的基础上补充 BIM 建模标准，并制定本项目的 BIM 应用实施方案，确保 BIM 技术在三亚崖州湾项目中落地。

3.2.3 作品 3: 基于 BIM 的数字化模型审核与应用

竞赛名称：学生竞赛
作品名称：基于 BIM 的数字化模型审
核与应用

1) 模型建立

（1）土建模型创建

团队内部分专业建立结构模型（见图 3.65）与建筑模型（见图 3.66）。

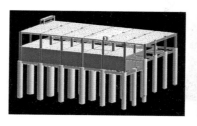 

图 3.65　结构模型　　　　图 3.66　建筑模型

（2）零碰撞程序

建筑与结构模型合模过程中出现大量碰撞。团队通过自研碰撞检查程序（见图 3.67），可一键式自动处理全部土建碰撞问题。

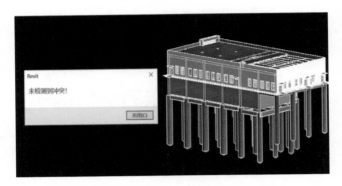

图 3.67　零碰撞程序

2）建模规范性审查系统

（1）模型规范性审查

将大赛提供的建模标准编译为计算机语言，并通过比对模型数据和图纸信息，自动审查建模是否符合标准，并生成审查报告，如图 3.68 所示。

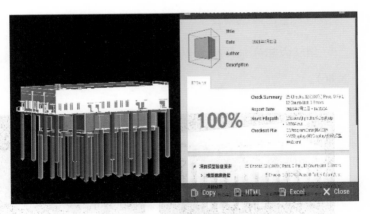

图 3.68　审查报告生成

（2）数据可视化

将模型审核报告导入轻量化展示平台中生成各类信息报表，实现审核数据可视化分析，如图 3.69 所示。

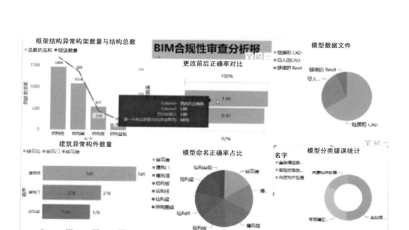

图 3. 69 数据可视化

3) BIM 审图系统

(1) BIM 审图系统

为确保模型符合国家设计规范，自研 BIM 审图系统，如图 3.70 所示，首先在系统中集成《住宅设计规范》等，作为合规性审查的判定规则。

图 3. 70 BIM 审图系统

（2）BIM审图系统功能简介

基于设计规范中的强制性条款，对 BIM 模型进行自动审查，如图 3.71 所示，筛查不符合规范之处，快速定位并将其高亮显示，实现模型信息的数字化表达。

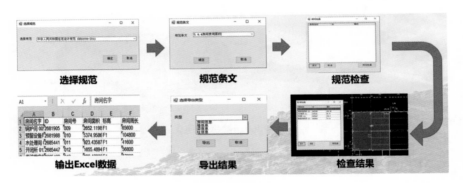

图 3.71　审查流程

4) BIM 数字化应用

（1）基于 BIM 的合规性施工图

将出图规则导入 Revit 中，并自制图框族，利用 BIM 模型快速生成施工图，如图 3.72 所示，极大地提高出图效率和后期修改的便捷性。

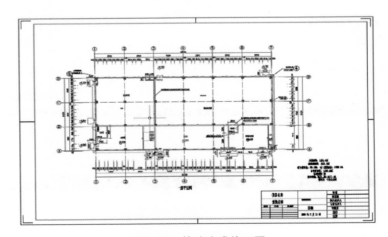

图 3.72　快速生成施工图

（2）自动化装饰装修设计

以减少人工重复性工作、提高建模效率为目的，通过使用自动化设计程序提取相应的构件数据，并将用户想达到的效果作为依据来创建相应的软件逻辑体系，实现装饰面层自动建模的效果。

（3）室外渲染

如图 3.73 所示，渲染图便于直观表达建筑本身，使各方快速认识建筑并及时对周边环境布置和室外设施提出修改意见。

图 3.73　室外渲染

5）总结

项目流程图如图 3.74 所示。

图 3.74　项目流程图

3.2.4 作品 4：基于 BIM 的 招标控制价文件编制 ——苏州第二图书馆

竞赛名称：学生竞赛

作品名称：基于 BIM 的招标控制价文件编制

1）项目概况

（1）项目名称：苏州第二图书馆。

（2）总建筑面积：45 332 m²，地上面积 35 888 m²，地下建筑面积 9 444 m²。

（3）建筑层数：地上六层，地下一层。

（4）主要结构形式：框架剪力墙结构。

（5）设计使用年限：50 年。

（6）建筑高度：34.35 m（至建筑屋面），36.8 m（至女儿墙）。

（7）项目难点：没有标准层，安装工程设备数量多、种类复杂；外立面装饰复杂；地下室工程面积大、异型构件多；各楼层非标准构件多。

2）项目实施过程

项目实施过程如图 3.75 所示。

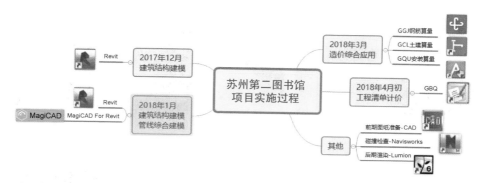

图 3.75　项目实施过程

3）基于 BIM 的模型建设与创建

3 人共同完成，按楼层划分任务，完成模型创建，如图 3.76 所示。

难点 1：幕墙倾斜且为弧形。解决方案：内建体量。

图 3.76　BIM 模型创建

难点 2：管线混乱，位置错放。解决方案：压力管让重力管，低压管让高压管；同一类管道，小管让大管。

难点 3：立管多。解决方案：反复校对、调整。

安装模型和土建模型精确整合，再进行管线修改，如图 3.77 所示。多次修改后再次检查。

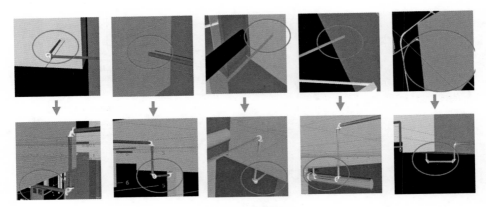

图 3.77　管线修改

4）基于 BIM 的工程项目施工招标报价的编制

难点 1：数据丢失和识别错误，保证模型算量精确，降板多，调整标高复杂。解决方案：手动绘制。

难点 2：直接建立 GGJ 模型，梁吊筋和箍筋多，智能布置后出现多处错误，需要调整，承台无法直接绘制。解决方案：用"筏板基础"绘制构件，通过"单构件"添加钢筋量。

MagiCAD 建好一层楼的模型后，通过插件，导入到 GQI 模型中，发现这个方式会出现构件缺失的情况，决定用 GQI 对电气（图 3.78）、给排水（图 3.79）建模。管道数量多，种类复杂。

前期准备：在绘制管道前，把该工程的楼层、标高等信息填写完善。

绘制管道：绘制时管道的尺寸、标高、变径点等要设置正确。

算量总和：算量时按水专业、电专业来统计更清晰明了。

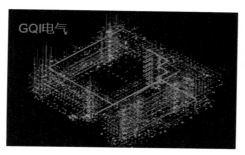 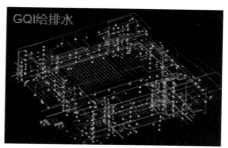

图 3.78　GQI 电气建模　　　　　　　图 3.79　GQI 给排水建模

对各阶段工程量进行整理，通过计量软件，套用清单定额，完善未计价材料，并根据市场调价。根据工程需要，完善措施项目费、其他项目费、规费、税金，如图 3.80 所示。

图 3.80　定额汇总表(部分)